MAREIKE FEDDERS

TIERISCH GUTER GARTEN

SO WIRD DER GARTEN ZUM TIERPARADIES VON FRÜHLING BIS WINTER

KOSMOS

INHALT

WILL-
KOMMEN IM
GARTEN!

TIERE IM GARTEN

NATURGARTEN – WILDE SCHÖNHEIT

Tierfreundliche Gärten wirken auf manche Menschen unordentlich.
Tatsächlich sind sie das Ergebnis gründlicher Planung und geduldiger Beobachtung.

Lebenswerte Gärten

Wir haben unsere Landschaft in den letzten Jahrzehnten in eine hoch industrialisierte Produktionsfläche verwandelt. Durch die Energiewende werden wir sie in Zukunft noch produktiver gestalten müssen. Perfekte Lebensräume für Tiere sind selten geworden.

Unsere Tierwelt hat dabei schon lange das Nachsehen. In den letzten Jahren haben sich der Rückgang der Biodiversität und die Zerstörung von Lebensräumen sogar noch beschleunigt. Biotope, die früher weitverbreitet waren, finden sich heute nur noch vereinzelt:

– Artenreiche Blumenwiesen mit Wildbienen und Schmetterlingen wurden vielerorts ersetzt durch stark gedüngte und mit Pestiziden behandelte Monokulturen.
– Feldsölle, kleine Amphibien-Teiche inmitten von Feldern, wurden zugeschüttet.
– Totholzreiche Mischwälder und -hecken wurden im Lauf der Jahre ersetzt durch aufgeräumte Wald- und Heckenmonokulturen, in denen selbst Eichhörnchen und Igel schwer Unterschlupf und Nahrung finden.

Dabei fehlen diese Biotope nicht nur den Tieren. Viele Menschen genießen die Erholung samt Tierbeobachtungen in der Natur, doch erleben sie diese in ihrer Umgebung immer seltener. Dafür werden die wenigen verbliebenen Naturräume von immer mehr Menschen aufgesucht, was zu erheblichen Störungen der Tierwelt führen kann.

ES WIRD ZEIT, ETWAS ZU TUN!

Das Gute ist: Um unserer Natur und ihren Bewohnern zu helfen, müssen wir weder Biologen noch Naturpark-Ranger sein. Jeder Hausbesitzer mit einem kleinen Stück Land drum herum, kann seinen Teil dazu beitragen. Denn auch Gärten können gute Lebensräume für eine Vielzahl an Wildtieren sein. Wir müssen sie nur wieder bewohnbar machen.

Mit den richtigen Maßnahmen können wir neue Biotope schaffen – für Vögel, Wildbienen, Schmetterlinge, Frösche, Molche, Eidechsen und natürlich für Eichhörnchen und Igel. Lasst uns in Zukunft die schönsten Naturbeobachtungen direkt vor unserer Haustür erleben!

„Wenn an vielen kleinen Orten viele kleine Menschen viele kleine Dinge tun, wird sich das Angesicht unserer Erde verändern."

Afrikanisches Sprichwort

Säugetiere im Garten

Kennt ihr all die faszinierenden Bewohner, die heimlich durch die Gärten wuseln? Einige können extrem gut riechen, andere besonders lang schlafen und wieder andere sehen mit den Ohren und schlafen kopfüber.

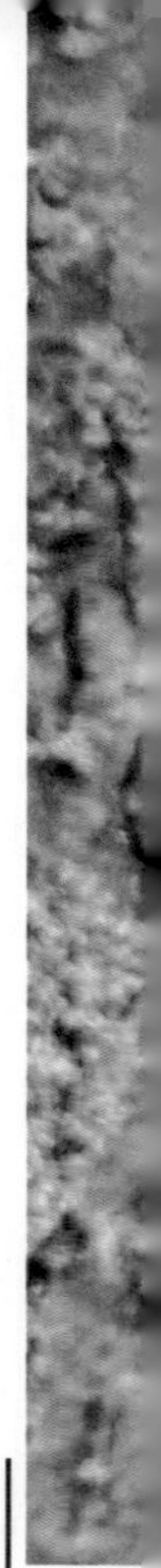

1

IGEL

Der Igel *(Erinaceus europaeus)* ist wohl das Gartentier schlechthin. Die bei uns heimische Art ist der Braunbrustigel. Jeder kennt ihn und jeder freut sich, ihn zu sehen. Wohnt dieser stachelige Insektenfresser erst einmal im Garten, macht er durch sein lautes Grunzen und Schmatzen meist schnell auf sich aufmerksam. Oft dreht er einfach seine Runde und scheint sich aus uns zweibeinigen Riesen nicht viel zu machen. Dabei folgt er seiner extrem feinen Nase, die ihn zielsicher zu seiner Beute führt. Als gefräßiger Räuber macht er sich über Insekten, Würmer und auch über die schleimigen Gäste in unseren Beeten her. Deswegen wird er von vielen Gärtnern als Nützling geschätzt. Allerdings machen ihm in den Gärten immer mehr Probleme zu schaffen. Statt Streuobstwiesen, Holzhaufen und Mischhecken findet er häufig Schotterbeete, Zierrasen und Zäune vor. Wenn er es überhaupt in den Garten hineinschafft, gibt es dort immer seltener etwas Fressbares. Seit Neuestem kreuzen sich seine Wege auch noch mit Mährobotern – einer tödlichen Gefahr! Igel brauchen dringend naturnahe Gärten mit sicheren Verstecken und einem reichhaltigen Nahrungsangebot.

EICHHÖRNCHEN

Etwas besser als den Igeln geht es den Eichhörnchen *(Sciurus vulgaris).* Für die flinken Nagetiere stellen Zäune und Mähroboter keine große Gefahr dar. In hohen Laub- und Nadelbäumen fühlen sie sich wohl, weshalb sie oft in Parkanlagen, auf Friedhöfen und in alteingewachsenen Gärten anzutreffen sind. Oben in den Bäumen finden sie ihre Nahrung, die aus Nüssen, Samen, Früchten und manchmal aus Eiern und Jungvögeln besteht. Hier bauen sie auch ihre Kobel, in denen sie schlafen und ihre Jungen aufziehen. Dennoch gehen in einigen Regionen ihre Bestände zurück. Einer der

Gründe ist das Fällen alter Bäume und Baumbestände. In Siedlungen werden diese wegen des Laubfalls und Schattenwurfs oft als störend empfunden. Manche müssen aus Sicherheitsgründen oder zugunsten neuer Bauprojekte weichen. Gleichzeitig bringen die Gärten nicht mehr genug Nahrung für Eichhörnchen hervor, da ihnen die nuss- und fruchttragenden Mischhecken fehlen.

2

1. Eichhörnchen sind nicht immer rot. Sie können auch braun, grau oder schwarz sein, haben aber immer einen weißen Bauch.

2. Igel haben genaue Karten ihrer Lebensräume im Kopf. Im Garten kennen sie jedes Versteck und jeden Durchschlupf.

1

2

3

HASELMAUS

Die Haselmaus *(Muscardinus avellanarius)* heißt zwar Maus, ist aber keine. Innerhalb der Nagetiere gehört sie der Familie der Bilche an. Diese werden auch Schlafmäuse genannt, weil sie einen ausgeprägten, langen Winterschlaf halten. Eine Haselmaus kann also, anders als eine echte Maus, nur im Sommerhalbjahr im Garten beobachtet werden. Weil sie aber nachtaktiv ist und sich recht heimlich verhält, bleibt ihre Anwesenheit meistens verborgen.
Als Strauchbewohnerin kommt sie in artenreichen Hecken und Waldsäumen vor, in denen sie viele Nüsse und Früchte vorfindet. Weil sie in der kalten Jahreszeit keine Nahrung zu sich nimmt, muss sie sich im Sommer und Herbst eine dicke Speckschicht anfuttern. Nur mit ausreichend großen Energiereserven kann sie den Winter überstehen. Hier kommen wir zur Ursache ihrer Gefährdung: Zunächst wurden in der Feld- und Waldflur, später auch in den Orten und Gärten artenreiche Hecken und Säume immer seltener. Haselmäuse finden schlicht nicht mehr genug Nahrung, um den langen Winterschlaf zu überstehen.

Entdeckt ihr eine **Haselmaus**, könnt ihr sie auf den ersten Blick anhand des behaarten Schwanzes von echten Mäusen unterscheiden.

SIEBENSCHLÄFER

Der Siebenschläfer *(Glis glis)* gehört wie die Haselmaus zu den Bilchen. Und wie diese muss auch er einen langen Winterschlaf halten. Der Name Siebenschläfer bezieht sich dabei auf die mindestens sieben Monate, die er am Stück verschläft. Dabei verliert er fast die Hälfte seines Körpergewichts. Genau wie die Haselmaus muss er sich

4

deshalb einen dicken Reservespeck anlegen. Das Futter dafür findet er in gesunden Mischwäldern in den Kronen alter Bäume, besonders in Buchen und Eichen. Außerdem auf Streuobstwiesen mit altem Baumbestand. Dort gibt es auch genug Ast- und Spechthöhlen, die er als Unterkunft nutzt. Wenn es den Siebenschläfer in die Nähe des Menschen zieht, dann meistens in Gärten in unmittelbarer Wald- oder Parknähe sowie in alteingewachsene Siedlungen mit einem alten Baumbestand wie Obst- und Nussbäumen. Doch immer weniger alte Bäume dürfen stehen bleiben. Meistens werden sie gefällt, bevor sie ergiebig Früchte tragen und tiefe Höhlen aufweisen können. Das gilt für Forstwälder genauso wie für Gärten. Und die traditionellen Streuobstwiesen sind größtenteils auch verschwunden. Das erklärt den Rückgang der Siebenschläfer in den letzten Jahren.

MAUSWIESEL

Das Mauswiesel *(Mustela nivalis)* ist aufgrund seiner geringen Körpergröße kaum mit anderen einheimischen Marderartigen zu verwechseln. Doch obwohl es klein und zart erscheint, ist es ein richtiges Raubtier. Das kleinste der Welt sogar. Seine Beutetiere? Ganz überwiegend Wühlmäuse, weshalb es als bedeutender Nützling im Garten gilt. Dort hält es sich in Holz- und Steinhaufen, Blumenwiesen und naturnahen Hecken, Mäuse- und Maulwurfsgängen auf.

FLEDERMÄUSE

Die vielleicht merkwürdigsten Tiere unter unseren Gartenbewohnern sind Fledermäuse (*Nyctalus* spp., *Myotis* spp., *Rhinolophus* spp.). Sie können fliegen, sind aber weder Vögel noch Insekten. Sie können in tiefster Dunkelheit perfekt sehen, jedoch nicht mit den Augen, sondern mit den Ohren. Und dann schlafen sie auch noch kopfüber.

Eine große Bedrohung für Fledermäuse ist der großflächige Einsatz von Insektiziden sowohl in Wald und Feld als auch im Hausgarten. Als Insektenfresser sind sie jedoch auf ergiebige Bestände an Mücken und Nachtfaltern angewiesen.

Eine weitere Gefahr ist das Verschwinden geeigneter Unterkünfte. Dort, wo alte Häuser energetisch saniert werden, gehen Spalten und Schlupflöcher verloren. Feuchte, kühle aber frostfreie Haus- und Erdkeller boten Fledermäusen einst ideale Überwinterungsbedingungen. Heute verschwinden auch sie oft ersatzlos.

Fledermäuse im Garten lohnen sich. Jede Fledermaus fängt pro Nacht im Durchschnitt mehrere Tausend Insekten, auch Mücken.

1. Die kleinen Mauswiesel sind oft in der Nähe von Totholzhaufen anzutreffen.

2. Haselmäuse bevorzugen dichtes Gebüsch mit vielen Versteckmöglichkeiten und Dornen zum Schutz vor Fressfeinden.

3. In alten Gebäuden werden viele Ritzen von Fledermäusen bewohnt. Nicht selten werden sie bei Sanierungsarbeiten verletzt oder eingemauert.

4. Unsere Wälder haben wenig Nutzen für den Siebenschläfer, denn in ihnen gibt es viel zu wenig alte Bäume mit Baumhöhlen.

Seltene Gäste: Reptilien und Amphibien

Einst allgegenwärtig, heute etwas Besonderes. So steht es um viele Reptilien, zumindest in den meisten Gärten. Bei den Fröschen sieht es auf den ersten Blick etwas besser aus, tummeln sie sich doch in etlichen Gartenteichen.

REPTILIEN – SIE LIEBEN DIE SONNE

Zu unseren einheimischen Reptilien zählen Eidechsen, Schleichen und Schlangen. Eigentlich auch Schildkröten, aber unsere einzige Art, die Europäische Sumpfschildkröte, ist mittlerweile so selten geworden, dass sie quasi als ausgestorben gilt. Nur mit erheblichem Aufwand werden die letzten Exemplare in freier Wildbahn geschützt und deren Vermehrung überwacht. Schuld an ihrem dramatischen Rückgang ist die flächendeckende Zerstörung ihrer Lebensräume. Ob es unseren verbliebenen Reptilien bald ähnlich ergeht? Immerhin wurden bei allen Arten in den letzten Jahren Bestandsrückgänge verzeichnet. Und sie sind ebenfalls mit Lebensraumzerstörung und dem Rückgang ihrer Beutetiere konfrontiert.

Zauneidechse

Zauneidechsen *(Lacerta agilis)* leben in trockenen, sandigen Habitaten mit lockerer Vegetation, vielen Versteckmöglichkeiten, wie Steinmauern und -haufen, Holzhaufen und Zwergsträuchern. Ideale Bedingungen bieten ihnen nach Süden ausgerichtete Hänge. In ihrem Lebensraum müssen offene, besonnte Sandflächen vorhanden sein, in die sie ihre Eier legen können. Denn diese Reptilien lassen ihren Nachwuchs vom sonnenerwärmten Sand ausbrüten. Sie fressen Insekten, Spinnen und Würmer.

Waldeidechse

Waldeidechsen *(Zootoca vivipara)* lieben es halbschattig und nicht ganz so warm. Sie kommen zum Beispiel in halboffenem, mit Sträuchern bewachsenem Gelände, entlang von Waldrän-

Reptilien könnt ihr leichter beobachten, wenn ihr eine dunkle Holzplatte auslegt. Weil diese sich schnell erwärmt, halten sich die Tiere gerne darauf und darunter auf.

Blindschleichen können, so wie Eidechsen auch, bei Gefahr ihren Schwanz abwerfen. Dadurch werden ihre Angreifer verwirrt, und die Schleiche kann flüchten.

dern und Hecken vor. Sie mögen eine dichtere Bodenvegetation, in der sie sich unbemerkt bewegen und auf die Jagd nach Insekten gehen können. Exponierte und sonnenbeschienene Holz- und Steinhaufen sind ideal, um sich aufzuwärmen oder zu verstecken. Waldeidechsen brüten ihren Nachwuchs im eigenen Körper aus, indem sie sich durch die Sonne erwärmen lassen. Es werden lebende Jungtiere zur Welt gebracht. Sie fressen Insekten, Spinnen, Asseln und Würmer.

Waldeidechsen lieben abgestorbene Pflanzen. An Totholz und unter Büscheln aus abgestorbenem Gras halten sie sich bevorzugt auf.

Blindschleiche

Die scheue Blindschleiche *(Anguis fragilis)* kommt in vielen Biotopen vor: von überwiegend schattigen, feuchteren Wäldern bis hin zu sonni-

1

2

1. Teichfrösche sind eine biologische Kuriosität. Sie stellen keine eigenständige Art dar, sondern sind Hybriden aus Seefrosch und Kleinem Wasserfrosch.

2. Bei den Ringelnattern handelt es sich bei besonders großen und kräftigen Exemplaren immer um Weibchen. Die Männchen bleiben kürzer und dünner.

gen und trockenen Hängen. Was sie trotz ihrer Anpassungsfähigkeit dringend benötigt, sind viele Versteckmöglichkeiten und eine größere Entfernung zu den nächsten Verkehrswegen. Denn Blindschleichen lieben es, sich auf den warmen Wegen und Straßen zu sonnen und werden dann häufig überfahren. Sie fressen Nacktschnecken, Regenwürmer, Insekten, Asseln und Spinnen und bringen wie die Waldeidechsen lebende Junge zur Welt.

Ringelnatter

Die Ringelnatter *(Natrix natrix)* ist eine ungiftige, für den Menschen völlig harmlose Schlangenart, die selbst dann nicht beißt, wenn man sie ergreift. Stattdessen wehrt sie sich mit der Absonderung eines stinkenden Sekrets. Sie lebt häufig in der Nähe von Gewässern, obwohl sie nicht direkt auf diese angewiesen ist. Jedoch finden sich hier ihre Beutetiere: Frösche, Kröten, Molche und Fische. Sie bevorzugt gut strukturierte Biotope mit vielen Versteckmöglichkeiten und reicher Vegetation. Ihre Eier legt sie in warmes, verrottendes Material wie Laubhaufen, morsche, umgekippte Bäume, Mist- und Komposthaufen.

AMPHIBIEN – OHNE WASSER KEIN NACHWUCHS

Viele dieser Tierarten besiedeln in der Natur zeitweise überschwemmte Wiesen, Auwälder sowie kleine Teiche, wie es sie früher oft in Form von wassergefüllten Senken und sogenannten Feldsöllen gab. Heute finden wir solche Biotope nur noch selten. In den kleinen Gartenteichen haben einige Amphibienarten einen Ersatz gefunden. Allerdings hält sich der Erfolg beim Nachwuchs dort in Grenzen, denn häufig sind Gartenteiche mit Fischen besetzt, die sämtliche Kaulquappen verspeisen. Oder die an Land gegangenen Jungtiere fallen einem Mähroboter, einem Gully oder der nächst gelegenen Straße zum Opfer, wenn sie sich auf die Suche nach geeigneten Landlebensräumen machen.

Frösche und Kröten

Unter den Fröschen kommen vor allem Gras- und Teichfrösche in unseren Gärten vor. Von den Kröten ist die Erdkröte *(Bufo bufo)* ein häufiger Gast. Während Teichfrösche *(Pelophylax* kl. *esculentus)* überwiegend in unmittelbarer Gewässernähe bleiben, brauchen Grasfrösche *(Rana temporaria)* und Erdkröten Landlebensräume, in denen sie auf Beutefang gehen. Dazu gehören artenreiche Wiesen, lichte Wälder oder halboffene Landschaften mit dichter Bodenvegetation sowie Moore. Vor allem Kröten suchen gerne Schutz in schattigen Holz- und Steinhaufen. Ihre Eier legen sowohl Frösche als auch Kröten in Form von Laichballen oder -schnüren in stehenden oder langsam fließenden Gewässern ab. Sie alle fressen Insekten, Spinnen, Asseln, Schnecken, Würmer und Raupen.

Molche

Vor allem der Teichmolch *(Lissotriton vulgaris)* nutzt für seine Fortpflanzung kleine Gewässer, zu denen auch Gartenteiche zählen. Während dieser Zeit erkennt man ihn an seiner Wassertracht, vor allem an dem lang gezogenen Rückenkamm und den deutlichen Schwanzflossensäumen. Verlässt er nach der Laichzeit den Teich wieder, wandelt er sich in ein Landlebewesen um und sieht dann einem Salamander ähnlich. Bis zum nächsten Frühjahr benötigt er kein Gewässer mehr, sondern einen kühl-feuchten Lebensraum mit Versteckmöglichkeiten unter Steinen, Holz, Laub und in Erdlöchern. An Land ernährt er sich von Würmern, Nacktschnecken, Insekten, Spinnen und Asseln. Im Wasser vor allem von Wasserflöhen, Frosch-, Kröten- und Fischlaich sowie von Kaulquappen.

Streift einmal nachts **mit einer Taschenlampe** nach einem kräftigen Sommerregen durch den Garten und schaut, ob ihr Amphibien entdeckt.

Die Kaulquappen der Molche unterscheiden sich von denen der Frösche und Kröten durch ihre außen liegenden Kiemen.

Alle Vögel sind schon da

Mittlerweile leben in den Siedlungsgebieten Deutschlands mehr Vögel als in der freien Landschaft. Aber auch in den Städten und Dörfern sinkt ihre Anzahl stetig. Dabei gibt es so viele Vögel fütternde Garten- und Balkonbesitzer wie noch nie.

Vögel gehören zu den beliebtesten Tieren im Garten, nicht nur, weil sie durch ihr buntes Gefieder hübsch anzusehen sind und den Frühling mit ihrem Gesang erfüllen. Sie gelten auch als Nützlinge, die sich effektiv über Raupen an Gemüse, Obst und Blumen hermachen. Kein Wunder, denn fast alle Vogelarten ernähren sich zu einem bedeutenden Teil von Insekten. Zumindest während der Brutzeit, in der selbst die Körner fressenden Arten sie an ihre Jungen verfüttern. Das ist aber gleichzeitig der Grund, warum die Vogelbestände in der Landschaft und in den Siedlungsbereichen zurückgegangen sind. Die Menge an Insekten hat so stark abgenommen, dass es fast allen Vogelarten an Nahrung fehlt.

Durch das Verteilen von Körnermischungen auf mehrere saubere Futterstellen werden Stress und die Übertragung von Krankheitserregern verringert.

DIESE GARTENVÖGEL GIBT ES IMMER SELTENER

1. Bluthänfling
2. Fitis
3. Gartengrasmücke
4. Grauschnäpper
5. Grünfink
6. Mehlschwalbe
7. Rauchschwalbe
8. Star
9. Stieglitz
10. Wendehals

GARTENVÖGEL RICHTIG FÜTTERN

Eine Fütterung mit Sonnenblumenkernen und Fettfutter kann im Winter zwar hilfreich und sinnvoll sein, kompensiert aber nicht den Insektenmangel während der Brutzeit, weil es als Kükenfutter völlig ungeeignet ist. Allenfalls zur Stärkung der Elterntiere einiger Vogelarten kann eine zusätzliche Fütterung beitragen. Und auch nur, solange die Hygiene stimmt. An stark besuchten oder unhygienischen Futterstellen kommt es schnell zur Übertragung tödlicher Krankheitserreger, sodass die Bestände einiger Vogelarten dadurch eher zurückgehen als sich zu erholen. Die Aufteilung auf mehrere Futterstellen schafft Abhilfe. Aber die Vogelfütterung kann immer nur eine Ergänzung sein, sie ist kein Ersatz für die schwindenden, natürlichen Nahrungsquellen.

Als Basis für die Gesundung der Vogelbestände gelten individuen- und artenreiche Insektenpopulationen. Diese werden von einer naturnahen Gartengestaltung stark gefördert, wovon auch die Vögel profitieren.

HILFE BEIM NESTBAU

Darüber hinaus leiden einige unserer Gartenvögel unter einem Mangel an geeigneten Nistplätzen oder Nistmaterial. Das kommt besonders in ganz jungen und in sehr aufgeräumten und überpflegten Gärten vor. Mit dem Aufhängen von Nisthilfen und dem Anbieten von fehlendem Nistmaterial könnt ihr den Tieren sehr leicht helfen. Aber Achtung! In dicht besiedelten Wohngegenden herrscht meistens auch ein großer Feinddruck durch Katzen und Co. Deshalb sollten Nistkästen möglichst raubtiersicher gefertigt und angebracht werden.

Gartengrasmücken benötigen naturnahe Hecken, in denen sie viele Insekten finden.

Sechs treue Gartenvögel

Ob Sommer oder Winter, kleiner oder großer Garten, einige Vogelarten leisten uns zuverlässig Gesellschaft. In tierfreundlichen Gärten finden sie alles, was sie zum Leben brauchen. Hier werden sechs dieser gefiederten Freunde und ihre typischen Eigenschaften vorgestellt.

Blaumeise

Blaumeisen *(Cyanistes caeruleus)* lieben eingewachsene Gärten. Entlang der Zweigspitzen von Bäumen und Sträuchern suchen sie nach kleinen Insekten und Spinnen. Sie konkurrieren (oft erfolglos) mit Kohlmeisen und Spatzen um Höhlen und Nistkästen. Der Durchmesser des Einfluglochs an einem Blaumeisen-Nistkasten sollte deshalb nur 26 bis 28 mm aufweisen.

Kohlmeise

Die Kohlmeise *(Parus major)* ist unsere größte Meisenart und gut an ihrem schwarz-weißen Kopf und ihrem schwarzen Bauchstreifen zu erkennen. Auch sie ist ein Höhlenbrüter und braucht Insekten und Spinnen für ihre Ernährung. Im Winter hingegen sucht sie Futterstellen auf, wo sie sich über Sonnenblumenkerne und Fettfutter hermacht.

Amsel

Die Amsel *(Turdus merula)* hat einen beeindruckenden Wandel hinter sich. Vom zurückgezogen lebenden Waldvogel ist sie zu einer anpassungsfähigen Kulturfolgerin geworden, die Dörfer und Städte gleichermaßen bewohnt. Ihr melodischer Gesang in der Dämmerung ist unverkennbar. Sie hat eine Vorliebe für Käfer, Würmer und Früchte und baut ihre Nester an allen möglichen Orten.

Haussperling

Der Haussperling *(Passer domesticus)*, besser bekannt als Spatz, tschilpt sich fröhlich durch die Gärten, wenn er dort genügend Samen und Körner vorfindet. Als geselliger Koloniebrüter genießt er den Trubel der Artgenossen um sich herum. Anders als bei Meisen müsst ihr zwischen Spatzen-Nistkästen deshalb keinen Sicherheitsabstand einhalten.

Rotkehlchen

Das Rotkehlchen *(Erithacus rubecula)* jagt am Boden hüpfend nach kleinen Insekten, Spinnen, Schnecken und Würmern. Dabei kommt es auch Menschen erstaunlich nahe, wenn diese gerade ein Beet säubern oder umgraben. Seine Nester errichtet es oft am Boden, aber manchmal auch auf Bäumen, in Mauerspalten oder in Nistkästen.

Ringeltaube

Die Ringeltaube *(Columba palumbus)* könnt ihr recht einfach anhand ihrer Größe und der weißen Hals- und Flügelzeichnung von der Stadttaube unterscheiden. Sie ernährt sich und ihre Küken fast ausschließlich pflanzlich. Wenn sie ihr Nest aus kleinen Zweigen nicht auf Bäumen baut, dann baut sie es hin und wieder auf Balkonen.

Auf sechs Beinen unterwegs: Insekten

Um bis zu 80 Prozent sind die Bestände an heimischen Insekten in den letzten zwei Jahrzehnten geschrumpft. Die Folgen dieses Rückgangs werden erst offensichtlich, wenn man weiß, wie viele Aufgaben sie in Ökosystemen und in unseren Gärten erledigen.

Sie sind ziemlich klein und machen doch einen Großteil der tierischen Biomasse im Garten aus. Viele Insektenarten sind nicht besonders beliebt, jedoch sind sie unverzichtbar in vielen Ökosystemen.

WILDBIENEN – VERWANDTE DER HONIGBIENE

Wenn von Bienen die Rede ist, dann sind fast immer die domestizierten Honigbienen gemeint. Auch der Begriff des Bienensterbens bezieht sich meist auf den Verlust von Honigbienenvölkern, die in menschlicher Obhut leben. Doch hier soll es nicht um Nutztiere gehen, sondern um Wildtiere. Und der Honigbiene als Nutztier stehen bei uns rund 550 Wildbienenarten gegenüber, die ganz heimlich und unbemerkt ihre Arbeit verrichten. So heimlich, dass ihre Leistungen meist den Honigbienen zugeschrieben werden. Dabei sind es die Wildbienen, die auch bei frischen Frühlingstemperaturen unter 12 °C schon Blumen und Bäume bestäuben. Zahlreiche Pflanzenarten können aufgrund ihrer Blütenform und -größe gar nicht von Honigbienen bestäubt werden, sondern sind auf spezielle Wildbienen angewiesen. Dadurch tragen sie erheblich zur Artenvielfalt unter den Blütenpflanzen bei und sorgen nebenbei auch noch für die Befruchtung unserer Kulturpflanzen.
Wildbienen leben so unauffällig, dass kaum jemand sie bemerkt. Erst wenn sie verschwinden, fällt auf, was sie tagein, tagaus leisten. Durch das Bestäuben der Blüten sorgen sie für die Vermehrung vieler Pflanzen und für das Wachstum von Obst und Gemüse.
Nur ein kleiner Teil der Wildbienen bildet Staaten wie die Honigbiene. Zu ihnen gehören zum Beispiel die pelzi-

Keine Angst vor Wildbienen! Ihr Stachel ist in der Regel feiner als der von Honigbiene und Wespe und kann die menschliche Haut nicht verletzen.

1

2

1. Für den Bau ihrer Brutzellen sammeln Garten-Wollbienen die Pflanzenwolle von filzig behaarten Blumen wie der Kronen-Lichtnelke.

2. Gartenhummel an Natternkopf – wo viel blüht, reicht der Nektar für alle.

gen Hummeln. Doch die überwiegende Mehrheit der Wildbienen lebt nicht in solchen Völkern, sondern allein. Diese Solitärbienen übernehmen auch keine Brutpflege, sondern statten ihre Nester mit einem Pollenvorrat aus, der von den Larven während ihrer Entwicklung aufgezehrt wird. Die Pollenvorräte einiger Bienen stammen manchmal nur von einer einzigen Pflanzenart, dementsprechend brechen ihre Bestände ein, wenn auch die Zahl dieser Pflanzen zurückgeht. Deshalb sind sie ganz besonders vom Artenschwund betroffen. Ein großer Teil sammelt jedoch an verschiedenen Blumen- oder Baumarten. Bei ihnen hängt der Rückgang unter anderem mit fehlenden Nistmöglichkeiten zusammen. Einige benötigen Fraßgänge in Totholz, andere brauchen abgestorbene, markhaltige Pflanzenstängel und wieder andere graben Röhren in offenen Boden, der anschließend unbearbeitet bleiben muss. All das finden sie in aufgeräumten, intensiv genutzten Kulturlandschaften und Gärten immer seltener vor.

Die Rostrote Mauerbiene ist nicht wählerisch. Sie sammelt den Pollen verschiedenster Pflanzenarten für ihre Brut.

Die Raupen des Wolfsmilchschwärmers ernähren sich von der giftigen Zypressen-Wolfsmilch und sind für viele Fressfeinde ungenießbar. Sie werden immer seltener, weil auch die nährstoffarmen, trockenen Lebensräume ihrer Futterpflanzen abnehmen.

Zitronenfalter und Admiral könnt ihr **ganzjährig** beobachten. An milden Wintertagen fliegen sie manchmal sogar im Dezember und Januar.

SCHMETTERLINGE – AKROBATEN DER LÜFTE

Wegen ihrer Farbenpracht sind die Stars unter den Insekten beliebte und gern gesehene Gäste im Garten. Für ihre Raupen hingegen hält sich die Begeisterung meist in Grenzen. Doch wo keine Raupe, da kein Schmetterling.

Im Gegensatz zu den Wildbienen fallen Schmetterlinge ins Auge, zumindest die Tagfalter. Diese haben wunderschön gefärbte, große Flügel, mit denen sie über Wiesen tanzen. Allerdings gehören etwa 90 Prozent der Schmetterlingsarten zu den Nachtfaltern, die wir oft nur dann bemerken, wenn sie nachts im Lichtkegel einer Straßenlaterne schwärmen. Oder wenn sie, angezogen von einer Zimmerlampe, durch geöffnete Fenster in unsere Wohnung kommen. Diejenigen, die in der Dunkelheit Nektar trinkend von Blüte zu Blüte schwirren, führen buchstäblich ein Schattendasein.

Aber Schmetterlinge trinken nicht nur Nektar. Einige haben sogar recht unappetitliche Nahrungsquellen, wie Kot, Aas oder vergammelnde Früchte. Manche Arten nehmen als ausgewachsene Tiere überhaupt keine Nahrung mehr zu sich.

Was jedoch alle Schmetterlinge brauchen, ist reichlich Futter für ihre Raupen. Bei den attraktiven Tagfaltern besteht dieses glücklicherweise aus Blumen, Gräsern, Strauch- oder Baumblättern und nicht aus Tierhaaren wie bei der Kleidermotte (auch ein Schmetterling). Aber die Raupen einer Art können nicht einfach an einer beliebigen Pflanze fressen. Die meisten Pflanzenarten produzieren Abwehrstoffe, mit denen sie sich vor Fraßfeinden schützen. Jede Schmetterlingsart kann deshalb nur an bestimmten Pflanzen fressen, für die sie eine Toleranz entwickelt hat. Andere werden gar nicht erst als mögliche Nahrung erkannt.

Diese Lebensweise bringt für unsere Schmetterlinge große Gefahren mit sich. Zum einen sind die Bestände derjenigen Arten eingebrochen, die auf immer seltener werdende Pflanzen angewiesen sind. Zum anderen haben

BUNTE GAUKLER

Das Schachbrett ist ein Blumenwiesen-Schmetterling. Seine Raupen fressen an Gräsern, die Falter saugen Nektar an violetten Wiesenblumen.

1

2

1. Der Goldglänzende Rosenkäfer ist nicht nur schön, sondern auch nützlich.

2. Die Engerlinge des Rosenkäfers leben im Kompost und stellen wertvollen Humus her. Aus Unwissenheit werden sie manchmal getötet, weil sie für Schädlinge gehalten werden.

sich Schmetterlingsarten vermehrt, die sich von den reichlich angebauten Nutzpflanzen ernähren. Weil sie dadurch einen wirtschaftlichen Schaden anrichten (zum Beispiel der Kohlweißling), werden in weiten Teilen der Landschaft Insektizide ausgebracht. Zum Leidwesen vieler anderer, „unschuldiger" Falter, die ebenfalls durch die Gifte getötet werden. Mittlerweile stehen schon mehr als 60 Prozent der Schmetterlingsarten auf der Roten Liste. Aber mit der richtigen Pflanzenwahl (siehe S. 28 ff.) und dem Verzicht auf Gifteinsatz können wir ihnen in unseren Gärten helfen.

NÜTZLICHE KÄFER

Dass Marienkäfer nützlich sind, weil sie Blattläuse fressen, weiß jedes Kind. Aber es gibt noch viel mehr fleißige Helfer in dieser Tierordnung. Insbesondere aus der Familie der Laufkäfer kommen viele Arten auch in Gärten vor, in denen sie unter anderem Jagd auf Nacktschnecken und ihre Gelege machen. Gleiches gilt für den Schwarzen Schneckenjäger.

Die Larven der Rosenkäfer und Nashornkäfer hingegen ernähren sich von Totholz und anderen abgestorbenen Pflanzenresten. Sie produzieren daraus hochwertigen Humus.

Die als Schädlinge verunglimpften Gartenlaubkäfer fressen als Engerlinge an Pflanzenwurzeln und als Käfer an Blättern und Blüten. Sie verursachen in naturnahen Gärten auch bei größeren Vorkommen kaum nennenswerte Schäden, stellen aber eine wichtige Proteinquelle für Vögel dar.

SPINNEN & INSEKTEN

ZWEI BEINE MEHR: **SPINNEN**

Unsere Webspinnen gehören in eine eigene Ordnung und nicht zu den Insekten. Von ihnen lassen sie sich leicht anhand ihrer acht statt sechs Beine unterscheiden. Sie dezimieren nicht nur lästige Mückenschwärme, sondern stellen auch selbst eine wichtige Futterquelle für Insekten, Vögel, Reptilien, Amphibien und Säugetiere dar.

LIBELLEN: JÄGER DER LÜFTE

Als Larven besiedeln sie Gewässer, als ausgewachsenes Insekt verbringen sie ihr Leben mit kunstvollen Flugmanövern, bei denen sie zahlreiche Insekten wie Fliegen und Mücken erbeuten.

Als wichtige Bestäuber neben den Bienen verdienen die Schwebfliegen viel mehr Anerkennung, als ihnen bislang zuteil wird.

AMEISEN: FLEISSIGE KRAFTPAKETE

Sie sind als Gesundheitspolizei und Putzkolonne bekannt. Kein Wunder, denn Ameisen räumen ununterbrochen auf. Sie ernähren sich von lebenden und toten Kleintieren und von Schneckeneiern.

HEUSCHRECKEN: HÜPFENDE MUSIKER

Manche Heuschrecken fressen Blätter, andere lieber kleine Insekten wie Blattläuse und wieder andere fressen beides. Mit einer Art Waschbrett erzeugen sie das typische Zirpen. Sie sind eine sehr begehrte Beute bei größeren Insektenfressern wie Spitzmäusen, Eidechsen, Igeln und sogar Störchen.

UNBELIEBT & UNTERSCHÄTZT: **FLIEGEN**

Auch Fliegen können sich nützlich machen. Insbesondere die Larven der Florfliege sind als effektive Blattlausräuber bekannt. Sie werden deshalb auch häufig als Blattlauslöwen bezeichnet.

WIE WIR TIEREN MIT PFLANZEN HELFEN KÖNNEN

BON APPÉTIT!

Die Raupe des Schwalbenschwanzes kann sich nur von Pflanzen mit bestimmten Inhaltsstoffen ernähren wie Wilde Möhre, Gartenmöhre, Fenchel und Pastinake. Zierpflanzen sind für sie ungenießbar oder giftig.

Was haben die richtigen Pflanzen zu bieten?

Ein üppig sprießender Garten ist nicht automatisch ein Tierparadies, ein blühendes Blumenbeet nicht unbedingt bienenfreundlich. Manchmal bleiben die Tiere dem Garten trotz schöner Bepflanzung fern. Aber warum ist das so?

Stellt euch vor, ihr seid in einem exotischen Restaurant. Ein Kellner stellt einen Teller mit dem Gericht des Tages vor euch ab und wünscht einen guten Appetit. Ihr schaut auf den Teller und seht, dass dieses Gericht aus Papier ist. Ihr wundert euch, was ihr damit anfangen sollt. Klar gibt es eine Reihe von Lebewesen, die dieses Papier fressen und verdauen können, aber ihr gehört nicht dazu. Ihr fragt den Kellner, ob es auch etwas anderes zu essen gibt, aber er verneint. Enttäuscht verlasst ihr das Restaurant und versucht es im nächsten. Doch auch hier gibt es nur Papiermahlzeiten. Plötzlich verkaufen auch alle Supermärkte nur noch Lebensmittel aus Papier. Hungrig und verzweifelt wisst ihr nicht, wo ihr etwas Essbares finden sollt.

Vor demselben Problem stehen viele einheimische Insekten und Wildtiere, wenn sie durch unsere Landschaft ziehen. Es sieht zwar alles schön grün aus, aber viel Fressbares ist für sie nicht dabei. Sie finden hauptsächlich eintönige Felder mit gerade mal einer Nutzpflanzenart (z. B. Mais). In vielen Wäldern sieht es ähnlich öde aus.

Und in den Gärten? Oft Zierrasen, Thuja, Kirschlorbeer und jede Menge Schotter. Aber nichts zu fressen.

Doch die Artenvielfalt steht und fällt mit den richtigen Pflanzen. Diese sind in erster Linie einheimisch. Und weil viele Tiere an ganz bestimmte Pflanzenarten angepasst sind, brauchen wir für eine artenreiche Tierwelt auch eine artenreiche Pflanzenwelt.

Und noch etwas fehlt vielen Tieren, und das sind tote Pflanzen. Diese beseitigen wir in unserem Ordnungswahn immer schnell, doch unzählige Arten leben von und in herabgefallenem Laub und in Totholz.

Ein Garten, der überwiegend aus einheimischen Blumen, Sträuchern und Bäumen besteht, ist immer reicher an Insekten und Vögeln als ein Garten mit exotischen Zierpflanzen.

Nahrungspflanzen von Frühling bis Winter

Hungrige Vögel, Insekten und Säugetiere, die nichts Fressbares finden? Das muss nicht sein! Mit einer gut durchdachten Bepflanzung kann ein Garten von Frühling bis Winter Nahrung für eine Vielzahl an Wildtieren bieten.

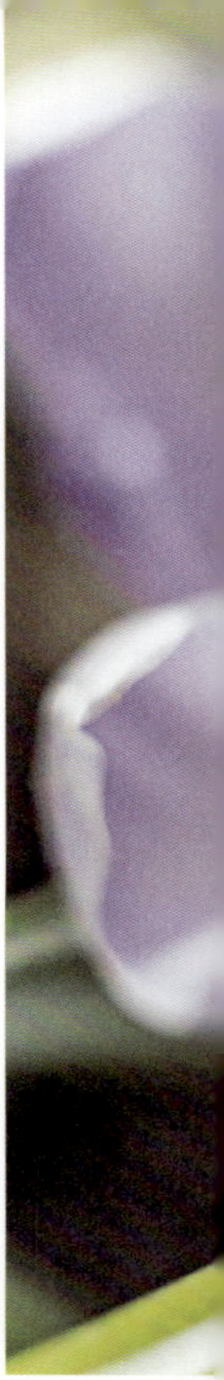

1

Imker kennen dieses Prinzip schon lange und planen ihre Gartenbepflanzung mithilfe eines Blühkalenders. Dadurch finden ihre Honigbienen fast das ganze Jahr hindurch Nektar und Pollen. Während Imker aber häufig auf exotische Arten zurückgreifen, kann man dieses Prinzip auch auf überwiegend einheimische Pflanzenarten anwenden. So lassen sich gezielt Wildbienen und Schmetterlinge unterstützen.
Möchtet ihr die Bedürfnisse möglichst vieler Tierarten berücksichtigen, reicht es jedoch nicht, Pflanzen für den Garten nur nach ihrem Blühzeitpunkt auszuwählen. Vögel wie Stieglitze oder Grünfinken warten in erster Linie auf die Samen der Blumen. Amseln und andere Drosseln benötigen hingegen viele Früchte, um eisige und schneereiche Winterphasen, in denen sie keine tierische Nahrung finden, zu überleben. Buntspechte und Eichhörnchen freuen sich über fettreiche Haselnüsse in der kalten Jahreszeit.

WAS WÄCHST WANN IN EINEM NATURGARTEN?

– **Frühling:** Damit von Februar bis Mai immer genügend Nektar zur Verfügung steht, pflanzt ihr am besten verschiedene Arten von Frühblühern. Ist die eine verblüht, öffnet die andere erst ihre Blüten, zum Beispiel 1. Winterlinge, 2. Krokusse, 3. Blausterne *(Scilla)*, 4. Traubenhyazinthen. Zusammen mit blühenden Weidenkätzchen, Obstbäumen und Haselsträuchern sind Hummeln und andere Wildbienen nun überreich mit Nektar und Pollen versorgt.
– **Sommer:** Im Juni wachsen in Blumenwiesen, -rasen und -beeten viele einheimische Wildblumen und -kräuter. Sie werden zunächst von Insek-

2

1. Im Frühling erstreckt sich im Garten ein Blumenteppich aus Frühblühern für Wildbienen, wie hier der Krokus.

2. Ab dem Sommer reifen die Samenstände der Blumen, an denen sich zum Beispiel der Stieglitz satt frisst.

3. Eine Ringeltaube bedient sich am Ende des Winters an den Efeubeeren. Ihr tun es viele weitere Vogelarten gleich.

ten besucht, bevor schon kurze Zeit später ihre Samen von den Finken gefressen werden. In den Obstbäumen und -sträuchern reifen die ersten Früchte für Amseln und Stare. Hier tummeln sich auch zahlreiche Raupen und Spinnen, die von fleißigen Vogeleltern abgesammelt werden.

– **Herbst und Winter:** Die Früchte der späten Obstbäume und -sträucher reifen vom Herbst bis in den Winter hinein. Sie versorgen viele Tiere in der dunklen, kalten Jahreszeit mit wichtigen Vitaminen. Haselnüsse sind zusammen mit Kiefern- und Fichtensamen heiß begehrte und vor allem wärmende Kalorienbomben. An den verblühten Samenständen der Blumen und Kräuter finden Spatzen, Meisen und Finken ihr Futter. Neigt sich der Winter dem Ende zu, reifen auch die Efeubeeren. Sie bringen den Vögeln Energie für einen gesunden Start in das neue Jahr.

3

EFEU

— *Hedera helix*

WAS BIETET ER DEN TIEREN? Wichtige Nektarpflanze im Herbst. Die Beeren reifen erst zum Winterende, wenn das natürliche Futterangebot in Gärten und Landschaft erschöpft ist. Wichtige Nahrungsquelle!

WELCHE TIERE KOMMEN? Zur Blüte im Herbst kommen zahlreiche Wildbienenarten, Schwebfliegen, Schmetterlinge, Wespen und Hornissen. Die Früchte werden von Amseln und anderen Drosseln, Rotkehlchen, Gartenrotschwanz und Ringeltauben gefressen.

WAS BRAUCHT ER? Nährstoffreichen, humosen Boden. Ausreichend Feuchtigkeit – Efeu sollte in trockenen Sommern gegossen werden. Verträgt Schatten, sollte für die Blüte aber auch Sonne bekommen.

WO WÄCHST ER? Damit Efeu blühen und Früchte tragen kann, sollte er in Hecken und an Bäumen, Zäunen, Mauern oder Rankgerüsten gepflanzt werden.

EBERESCHE, VOGELBEERE

— *Sorbus aucuparia*

WAS BIETET SIE DEN TIEREN? Während der Blüte Pollen und Nektar für Insekten. Ideales Vogelnährgehölz. Beherbergt viele Schmetterlingsraupen, denen die Pflanze als Nahrung dient. Die vitaminreichen Früchte werden von einer Vielzahl von Tierarten gefressen.

WELCHE TIERE KOMMEN? Mehr als 60 Vogelarten fressen die Früchte, darunter Amseln, Ringeltauben und Wintergäste wie Rotdrosseln und Seidenschwänze. Auch Säugetiere wie Schläfer oder Mäuse. Von dem Baum leben viele Insekten, die wiederum von Vögeln gefressen werden.

WAS BRAUCHT SIE? Nährstoffarmen, sauren und mäßig trockenen bis mäßig feuchten Boden. Verträgt Trockenheit, sollte aber direkt nach der Pflanzung und in sehr trockenen Sommern gegossen werden.

WO WÄCHST SIE? In hohen Hecken oder als Einzelbaum. Eignet sich sehr gut für waldartige Gärten.

HASELSTRAUCH

— *Corylus avellana*

WAS BIETET ER DEN TIEREN? Pollen für Wildbienen am Winterende. Fett- und vitaminreiche Nüsse für Vögel (z. B. Eichelhäher) und Säugetiere (z. B. Eichhörnchen). Zahlreiche Insektenarten ernähren sich von den Blättern.

WELCHE TIERE KOMMEN? Wildbienen und andere Insekten. Für mehr als 60 Schmetterlingsarten (Spanner, Nachfalter) ist der Hasel eine Raupen-Futterpflanze. Außerdem kommen Vögel wie Buntspecht und Rabenkrähe und Säugetiere wie Schläfer oder Mäuse.

WAS BRAUCHT ER? Nährstoffreichen und mäßig feuchten, humosen Lehmboden. Sollte bei starker Trockenheit gegossen werden, damit sich die Nüsse gut ausbilden können. Ertragseinbußen durch Vergreisung lassen sich durch einen großzügigen Rückschnitt alle paar Jahre vermeiden.

WO WÄCHST ER? Vor allem in Hecken. Eignet sich für Waldrand, Böschungen oder auch als Einzelstrauch.

OBSTGEHÖLZE

WAS BIETEN SIE DEN TIEREN? Apfel-, Birn-, Kirsch- und Zwetschgenbäume sowie Brombeer-, Johannisbeer- und Himbeersträucher tragen im Frühling Blüten voller Nektar und Pollen und Blätter für Insektenlarven. Von Sommer bis Herbst werden vitaminreiche Früchte reif. Nicht verbrauchte Äpfel können im Winter und Frühjahr an Amseln und andere Drosseln verfüttert werden.

WELCHE TIERE KOMMEN? Wildbienen, Schmetterlinge und andere Insektenarten, Vögel wie Meisen und Drosseln, Schläfer und Steinmarder.

WAS BRAUCHEN SIE? Nährstoffreichen, tiefgründigen Boden. Im Pflanzjahr und in trockenen Sommern wenige, dafür aber großzügige Wassergaben. Keine Staunässe!

WO WACHSEN SIE? In Hecken am Grundstücksrand oder als Solitärbäume, auf Streuobstwiesen, als Spalier an Mauern oder Hauswänden. Kleinwüchsige Formen eignen sich als Kübelpflanzen für Balkon und Terrasse.

FLOCKENBLUMEN

— *Centaurea* spp.

WAS BIETEN SIE DEN TIEREN? Vor allem Nektar, aber auch ein mittleres Pollenangebot. Die grüne Blattmasse ist Nahrung für viele Insektenarten und andere Kleintiere.

WELCHE TIERE KOMMEN? Zahlreiche Wildbienen und bis zu 60 Schmetterlingsarten, darunter über 40 Tagfalter. Die reifen Samen werden z. B. von Stieglitzen gefressen.

WAS BRAUCHEN SIE? Sonnigen Standort. Wiesen-Flockenblume, Kornblume: nährstoffreichen, mäßig trockenen bis mäßig feuchten Boden. Skabiosen-Flockenblume: mäßig trockenen und mäßig sauren, humosen Boden.

WO WACHSEN SIE? Die Wiesen-Flockenblume ist wertvoll für nährstoffreiche, mittelfeuchte Blumenwiesen und Blumenbeete. Die Skabiosen-Flockenblume ist ebenso wertvoll für die magere, trockene Blumenwiese. Die einjährige Kornblume eignet sich für Blumenwiesen-Mischungen, weil sie schon im Aussaatjahr blüht.

FRÜHLINGSBLÜHER

WAS BIETEN SIE DEN TIEREN? Besonders die Wildformen von Frühblühern wie Krokus *(Crocus)*, Traubenhyazinthe (*Muscari*, siehe Foto), Blaustern *(Scilla)*, Winterling *(Eranthis)*, Märzenbecher *(Leucojum)*, und Narzisse *(Narcissus)* bieten Nektar und Pollen schon ab Winterende.

WELCHE TIERE KOMMEN? Wildbienen, vor allem Hummeln, die schon bei Temperaturen unter 10 °C mit dem Nektarsammeln beginnen. Außerdem andere frühe, Nektar sammelnde Insekten.

WAS BRAUCHEN SIE? Nährstoff- und humusreichen Boden. Direktes Sonnenlicht im Frühling, Spätherbst und Winter. Im Sommer darf es gerne schattiger sein. Vertragen Sommertrockenheit. Die grünen Blätter sollten nicht entfernt werden, weil die Pflanzen damit Nährstoffe einlagern, die sie zum Austreiben im Frühjahr benötigen.

WO WACHSEN SIE? Unter Hecken und Bäumen, in Blumenwiesen, -rasen und -beeten, auch in Töpfen.

KLETTERROSEN (RAMBLER)

— *Rosa* spp.

WAS BIETEN SIE DEN TIEREN? Bestachelte Arten mit ungefüllten Blüten liefern Pollen für Wildbienen und Rosenkäfer. In den Herbst- und Wintermonaten werden die Hagebutten von Vögeln gefressen. Die stacheligen Triebe bieten brütenden Vögeln Schutz vor Feinden, das Laub wird von verschiedenen Insektenarten gerne gefressen.

WELCHE TIERE KOMMEN? Wildbienen, Schwebfliegen, Schmetterlinge, Käfer, Spinnen, Blattläuse. Im Frühling und Sommer viele Singvögel, die darin Insekten für den Nachwuchs suchen. Drosseln und Seidenschwänze in den Wintermonaten.

WAS BRAUCHEN SIE? Mäßig nährstoffreichen und mäßig trockenen Boden. Vertragen keine Staunässe, aber Trockenheit.

WO WACHSEN SIE? In Hecken und Blumenbeeten, an Hauswänden, Bäumen und Rankhilfen.

NACHTKERZE

— *Oenothera biennis*

WAS BIETET SIE DEN TIEREN? Öffnet ihre Blüten erst ab der Dämmerung. Spendet in den Dämmerungs- und Nachtstunden Nektar und Pollen. Samen als Nahrung für kleine Singvögel.

WELCHE TIERE KOMMEN? Für dämmerungs- und nachtaktive Schmetterlinge ist sie eine wichtige Nektarquelle. Außerdem fliegen Wildbienen (vor allem Hummeln) und Tagfalter an die Blüten. Dient den Raupen des Nachtkerzenschwärmers als Nahrung. Die Samen werden z. B. von Meisen, Stieglitzen und Sperlingen gefressen.

WAS BRAUCHT SIE? Nährstoffarmen bis nährstoffreichen Boden, auch Rohboden. Verträgt Trockenheit gut. Gedeiht in Vollsonne bis Halbschatten.

WO WÄCHST SIE? Eignet sich als eingebürgerte, zweijährige Art sehr gut für Blumenwiesen und -beete sowie für naturnahe Schotterflächen. Versamt sich selbst.

SAND-THYMIAN

— *Thymus serpyllum*

WAS BIETET ER DEN TIEREN? Vor allem Nektar an sehr trockenen Standorten. Im Schutz der dichten, holzigen Triebe finden viele Insekten und Spinnen Schutz.

WELCHE TIERE KOMMEN? Wildbienen, Fliegen, Schwebfliegen, Schmetterlinge und andere Insekten. Raupen-Futterpflanze für verschiedene Bläulingsarten. Laufkäfer, Grab- und Wegwespen gehen oft auf die Jagd nach Beutetieren, ebenso wie Blindschleichen und Eidechsen.

WAS BRAUCHT ER? Sauren, sandigen Boden, auch Rohboden. Verträgt Trockenheit sehr gut, wenn er tief genug wurzeln kann. Verträgt volle Sonne bis Halbschatten.

WO WÄCHST ER? Besonders in trockenen Gartenecken mit schwierigen Bodenbedingungen. Eignet sich als Bodendecker in Beeten und als Wegbegrünung. Wächst sehr gut in trockenen Blumenwiesen und -rasen sowie am Fuße von Trockenmauern.

WILDE KARDE

— *Dipsacus fullonum*

WAS BIETET SIE DEN TIEREN? Nektar für Schmetterlinge und langrüsselige Wildbienen (Hummeln). Samen für kleine Singvögel. Außerdem Wasser in ihren Blattkelchen.

WELCHE TIERE KOMMEN? Langrüsselige Wildbienen und Schmetterlinge. Der seltene Weiße Waldportier, der Schachbrettfalter und der Kaisermantel saugen ihren Nektar. Stieglitze fressen gerne die Samen. Nach Regengüssen sammelt sich Wasser in ihren Blattkelchen, welches von Vögeln und Insekten getrunken wird.

WAS BRAUCHT SIE? Nährstoffreichen, eher feuchteren Boden, auch Rohboden. Braucht auf leichteren Böden in trockenen Sommern zusätzliche Wassergaben. Bevorzugt einen sonnigen bis halbschattigen Standort.

WO WÄCHST SIE? Eignet sich als zweijährige Art gut für nährstoffreiche Blumenwiesen und -beete, als Heckensaum oder für naturnahe Schotterflächen.

WILDE MÖHRE

— *Daucus carota*

WAS BIETET SIE DEN TIEREN? Vor allem Nektar und frisches Blattgrün, aber auch Wurzeln.

WELCHE TIERE KOMMEN? Zahlreiche Wildbienen und Insekten wie Schwebfliegen und Käfer. Für das Landkärtchen ist ihr Nektar eine Nahrungsquelle. Die Blätter der Pflanze dienen den Larven von 12 Schmetterlingsarten als Nahrung, darunter der Raupe des Schwalbenschwanzes.

WAS BRAUCHT SIE? Nährstoffarmen bis nährstoffreichen Boden. Verträgt Trockenheit gut, gedeiht aber auch auf schwereren, feuchteren Böden. Da sie keine ausdauernde Art ist, benötigt sie offene Bodenstellen, damit die Samen erfolgreich keimen können.

WO WÄCHST SIE? Eignet sich als Zweijährige für nährstoffreiche Beete. Gedeiht auch als Heckensaum und auf naturnahen Schotterflächen und Trockenrasen. Taucht oft spontan an geeigneten Standorten auf.

GROSSE BRENNNESSEL

— *Urtica dioica*

WAS BIETET SIE DEN TIEREN? Als Nahrung dienen vor allem ihre frischen Blätter, aber auch die Wurzeln. In dichten Brennnesselbeständen finden zahlreiche Insektenarten und weitere Kleintierarten Schutz.

WELCHE TIERE KOMMEN? Raupen von insgesamt 36 Schmetterlingsarten, darunter Tagfalter wie Tagpfauenauge, Kleiner Fuchs (siehe Foto), Landkärtchen und Admiral sowie zahlreiche Nachtfalterarten.

WAS BRAUCHT SIE? Nährstoffreichen, vor allem humusreichen, nicht zu trockenen und nicht zu leichten Boden.

WO WÄCHST SIE? An schattigen, halbschattigen und sonnigen Standorten. Jedoch legen Tagfalter ihre Eier bevorzugt an besonnt stehende Brennnesseln. Sie eignet sich für sehr ruhige Gartenecken, für Heckensäume, entlang von Mauern und Zäunen sowie Wänden. Kann auch in humusreichen Beeten und Kübeln kultiviert werden.

Blütenvielfalt im Garten

Blumenwiesen, -rasen und -beete sind nicht nur schön anzusehen, sie leisten auch einen wichtigen Beitrag zum Schutz unserer Tierwelt. Vorausgesetzt es werden die richtigen Blumen ausgesät, und auch auf Gras sollte nicht komplett verzichtet werden.

BLUMENWIESE

Bei einer echten Blumenwiese handelt es sich um eine Mähwiese mit einer artenreichen Zusammensetzung aus einheimischen und überwiegend mehrjährigen Wildblumen sowie verschiedenen Kräuter- und Gräserarten, wobei hier die Blumen überwiegen. Sie entsteht auf nährstoffarmen, meist ungedüngten Flächen durch ein- bis dreimaliges Mähen im Jahr.
Bunte Blühflächen, die aus ästhetischen Gründen mit nicht heimischen Blumen angelegt wurden, sind keine ökologisch wertvollen Blumenwiesen.

Die richtigen Arten

In naturnahen Blumenwiesen wachsen einheimische und vor allem mehrjährige Blumenarten. Diese sollten den Großteil einer Saatgutmischung ausmachen. Sie brauchen mehrere Jahre, um sich zu entwickeln. Einjährige Arten wie Mohn und Kornblume können für eine frühere Blüte (ab dem Aussaatjahr) beigemischt sein, müssen aber nicht. Sie verschwinden nach ein bis zwei Jahren wieder aus der Fläche. Viele Insektenarten, auch manche Schmetterlingsraupen, ernähren sich von den Blättern der Gräser. Für größere Flächen sind Gräser daher sinnvoll, auf kleinen könnt ihr darauf verzichten.

Blumenwiesen pflegen

Mahd: Zu den wichtigsten Pflegemaßnahmen gehört die Mahd. Je nach Nährstoffgehalt des Bodens können ein, zwei oder auch drei Schnitte im Jahr durchgeführt werden. Gemäht wird möglichst nicht mit einem Rasenmäher, da er viele Wiesenbewohner tötet, sofern er denn den Bewuchs überhaupt bezwingt. Deutlich schonender erfolgt sie mit Sichel, Sense, Motorsense oder Balkenmäher. Auf einer nährstoffarmen Blumenwie-

Achtet beim Kauf von Saatgutmischungen darauf, dass sie vorwiegend **heimische und mehrjährige Arten** enthalten. Empfehlenswertes Saatgut gibt es bei Spezialgärtnereien. Günstige Angebote aus dem Discounter haben oft einen zu hohen Anteil an ein- und zweijährigen, nicht heimischen Arten.

Bei einer naturnahen Blumenwiese prägen nach ein paar Jahren die besonders gut an den Standort angepassten Arten das Blütenbild, wie die Kartäuser-Nelke auf magerem Sandboden.

se liegt der erste Schnitttermin im Juni, wenn die Margeriten verblühen. Darauf folgt später im Sommer eine Nachblüte. Der zweite Schnitt findet im Spätsommer oder Frühherbst statt, denn die Blumenwiese sollte gemäht in die Winterruhe gehen, damit der absterbende Aufwuchs nicht die Blumen unter sich „erstickt".
Im Sinne der Tierwelt sollte immer abschnittsweise gemäht werden, damit nicht alle Blüten auf einmal entfernt werden und die Insekten einen Teil ihres Lebensraums und ihrer Nahrungsquelle behalten können. Auch im Herbst kann ein Teil der Samen tragenden Stängel als Vogelfutter und Winterschlafplatz für Insekten stehen bleiben.
Nährstoffreiche Blumenwiesen werden zusätzlich ein weiteres Mal im Oktober gemäht. Sehr magere Flächen werden nur einmal, und zwar im Frühherbst, gemäht.

Bewässerung: Eine Bewässerung ist nur während der Anlage nötig. Spätestens ab dem dritten Jahr nach der Aussaat sollten Dürrephasen ausgehalten werden. Keine Angst: Solange es die Blumen immer wieder schaffen auszusamen, werden sie auch wieder wachsen.
Düngung: Blumenwiesen werden in der Regel nicht gedüngt. Ausnahmen stellen sehr magere und saure Standorte dar. Hier kann einmal jährlich oder alle zwei Jahre im Frühjahr eine Düngung mit unkrautfreiem Kompost hilfreich sein. Gegen Vermoosung auf sauren Böden hilft eine gelegentliche Kalkdüngung.

Vor- und Nachteile

Blumenwiesen sind über's Jahr sehr pflegeleicht, wenn sie erst einmal angelegt sind. Der Nachteil besteht in der relativ aufwendigen Bodenvorbereitung (siehe S. 42).

Margeriten sind Blumenwiesen-Saatgut häufig beigemischt. Während sie anfangs dominieren, nimmt ihr Anteil in den Folgejahren meist ab.

1

2

3

Der **Weiß-Klee** ist in Zierrasen gefürchtet, in Blumenrasen darf er ruhig bleiben. Seine Blüten sind bei Hummeln und Honigbienen beliebt.

BLUMENRASEN

Ein Blumenrasen entsteht fast von alleine. Er besteht aus einer Mischung schnittverträglicher Gräser und Blumenarten und ist pflegeleicht.

Saatgut für Blumenrasen

Das Saatgut setzt sich aus einheimischen und vor allem mehrjährigen, niedrig wachsenden Gras- und Blumenarten zusammen, die eine hohe Schnittverträglichkeit aufweisen. Manchmal zeigen sie schon wenige Tage nach dem Mähen wieder neue Blüten. Die Einsaat erfolgt am besten auf neu angelegten Flächen. Soll eine bestehende Zierrasenfläche in einen Blumenrasen umgewandelt werden, kann das Saatgut auf offene Stellen in den Bestand ausgebracht werden.

KRÄUTER FÜR INSEKTEN

1. Berg-Bohnenkraut
2. Dost und Majoran
3. Rosmarin
4. Salbei
5. Schnittlauch
6. Thymian
7. Zitronen-Melisse

4

1. Der Gamander-Ehrenpreis ist eine zierliche Schönheit. In großen Mengen überzieht er den gesamten Rasen mit himmelblauen Farbtupfen.

2. Für jede Blüte gibt es passende Besucher. Hier trinkt eine Schwebfliege den Nektar der Färberkamille.

3. Blumenbeete mit heimischen Arten sind pflegeleicht und insektenfreundlich.

4. Schnittlauchblüten werden im Frühsommer gern von Hummeln besucht.

Blumenrasen richtig pflegen

Mahd: Blumenrasen sollten mindestens fünfmal pro Jahr gemäht werden. Ausnahmen sind extrem trockene Sommer, in denen nichts wächst. Die Mahd erfolgt mit dem Rasenmäher und einer Schnitthöhe von mindestens 4 cm. Bitte nicht mittels täglich laufendem Mähroboter mähen, auch nicht nachts. Auch hier ist eine abschnittsweise Mahd für die Insektenwelt verträglicher.

Bewässerung: Blumenrasen haben eine hohe Regenerationsfähigkeit und müssen auch in Dürrephasen nicht unbedingt gegossen werden. Eine Bewässerung kann aber erfolgen, um allzu schwere Schäden auf stark betretenen Flächen zu vermeiden.

Düngung: Blumenrasen auf mageren Standorten werden im Frühjahr mit unkrautfreiem Kompost gedüngt. Nährstoffreiche Blumenrasen benötigen keine Düngung, bis sich das Wachstum spürbar verringert.

Vor- und Nachteile

Blumenrasen entwickeln sich aus Zierrasen meist von alleine, wenn auf Düngung und Pestizide verzichtet wird. Sie sind pflegeleichter und umweltfreundlicher. Achtung: Beim Barfußlaufen aufpassen, denn auf den Blüten tummeln sich viele Bienen.

BLUMENBEETE

Blumenbeete sind Zierelemente, die als Umrandung und Säumung beispielsweise von Rasen, Wegen, Hecken, Terrassen oder Mauern angelegt werden. Die Blumen werden meist gruppiert und nach einem bestimmten Pflanzplan gepflanzt.

Pflanzenwahl

Der Vorteil heimischer, ungefüllter Arten liegt auch in einer größeren Robustheit gegenüber Wetterkapriolen und Krankheitserregern. Dadurch machen die ansonsten pflegeintensiveren Blumenbeete weniger Arbeit. Für die Anlage werden klassischerweise vorgezogene Stauden in Töpfen verwendet, eine Aussaat ist aber ebenfalls möglich und günstiger.
Übrigens: Mögt ihr auf die eine oder andere exotische Lieblingsblume nicht verzichten, ist das in Ordnung.

Blumenbeete pflanzen

Staudenbeete im Naturgarten werden am besten erst im Frühling aufgeräumt, da in den Stängeln und unter den Blättern viele Kleintiere überwintern. Weil in naturfreundlichen Beeten auf die Verwendung von Vlies, Folie oder Zierkiesel verzichtet wird, sind gelegentliche Einsätze zur Reduzierung konkurrenzstarker Beikräuter nötig.

Vor- und Nachteile

Blumenbeete verleihen dem Garten Struktur und haben Ziercharakter, sie können aber aufwendiger in der Beseitigung unerwünschter Kräuter sein.

EINE BLUMENWIESE ANLEGEN

1. Den bisherigen Bewuchs möglichst tief mit dem Spaten abstechen und die Soden für später neben der Saatfläche lagern. Warum muss der Bewuchs entfernt werden? Die Wiesenblumen hätten keine Chance, sich in stark durchwurzelter Erde zu etablieren. Achtung! Beschädigte Rhizome (unterirdische Ausläufer) wachsen einfach weiter und treiben neu aus. Unbedingt gründlich absammeln.

2. Den mageren und unkrautfreien Unterboden ebenfalls tief mit dem Spaten abstechen und für den nächsten Schritt lagern. Ihr erkennt, ob ihr tief genug seid, wenn der Boden deutlich heller wird. Der Grund dafür sind die fehlenden Humusbestandteile, die den Mutterboden dunkel färben. Die Verwendung des eigenen Unterbodens ist die ökologischste, regionalste und günstigste Methode.

3. Die Bodenschichten tauschen: Die durchwurzelte Grasnarbe kopfüber nach unten im Saatbett, den unkrautfreien Unterboden darüber ausbreiten. Dadurch entsteht eine Saatfläche, die nur sehr wenige Samen von konkurrenzstarken Gras- und Kräuterarten enthält. So kann das Blumenwiesen-Saatgut ungehindert keimen und wird nicht von konkurrenzstärkeren Allerweltsarten verdrängt.

4. Sehr lehmhaltiger Boden kann mit Sand abgemagert werden, um bessere Bedingungen für die Wiesenblumen zu schaffen. Anschließend eine wenige Zentimeter dünne Schicht unkrautfreien Komposts ausbringen und leicht einharken. Er liefert den Sämlingen Nährstoffe und schützt vor zu schneller Austrocknung der obersten Bodenschicht zwischen den Gießintervallen.

5. Das feine Saatgut in der angegebenen Aussaatstärke gleichmäßig auf der Fläche verteilen. Dafür, wenn nicht schon vom Hersteller geschehen, mit einer Aussaathilfe vermischen. Diese kann aus Spielsand oder feiner Sägespäne bestehen. Das Gemisch kreuzweise und locker aus dem Handgelenk über das Saatbett werfen. Dabei lieber etwas dünner aussäen und zu dicht beieinander liegende Samen vermeiden.

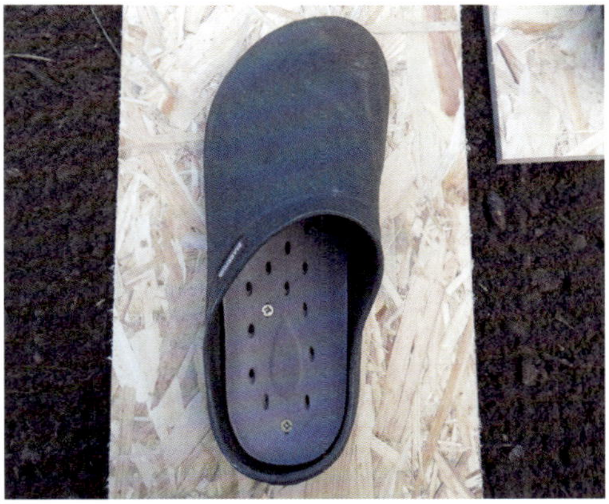

6. Das Saatgut andrücken. Für große Flächen eignen sich spezielle Gartenwalzen. Für kleine reicht auch die Rückseite der Schaufel oder ein Brett unter den Schuhen. Aber bitte nicht mit Schuhen oder Stiefeln direkt über die Fläche gehen! In deren Sohlenprofil bleibt viel Erde zusammen mit den eben ausgesäten Samen hängen.

---

7. In den nächsten Wochen ist die neu angelegte Blumenwiese genau zu beobachten. Besonders in den Sommermonaten muss meist regelmäßig beregnet werden, damit die frisch gekeimten Sämlinge nicht austrocknen. Dabei durchdringend und keinesfalls nur oberflächlich gießen. So können die zarten Wurzeln dem Wasser in tiefere Bodenschichten folgen. Das macht die Pflanzen später resistenter gegenüber Trockenheit. Stehen die Sämlinge zu eng, solltet ihr sie ausdünnen, und auch unerwünschte Pflanzenarten zupfen. Schützt die Fläche vor dem Betreten durch Menschen oder Tiere, um Schäden an den Keimlingen zu vermeiden. Vorübergehend kann während der Keimung ein einfaches Gemüsevlies über dem Saatbett platziert werden.

8. Blumenwiesen, die im Frühjahr angelegt wurden, können meistens im Sommer schon das erste Mal gemäht werden. Insbesondere wenn Einjährige wie Mohn und Kornblumen beigemischt sind. Dadurch erhalten die noch kleinen Sämlinge der langsam wachsenden Wiesenblumen wieder Licht und Luft und entwickeln sich besser. Außerdem wird der Aufwuchs dadurch zu einem zweiten Blühdurchgang angeregt.

BLUMENBEET FÜR FLEDERMÄUSE

Von dem dramatischen Verlust an Insekten sind verständlicherweise solche Tiere am schwersten betroffen, die sich ausschließlich von Insekten ernähren. Zu diesen Tieren zählen unsere einheimischen Fledermausarten. Fledermäuse sind auf große Mengen an nachtaktiven Fluginsekten angewiesen. Seit einiger Zeit leiden sie unter akutem Nahrungsmangel und schaffen es oft nicht mehr, pro Nacht das nötige Drittel ihres eigenen Körpergewichts an Insekten zu erbeuten. Übrigens: Fledermäuse nutzen Ultraschall, um ihre Beute in der Dunkelheit zu lokalisieren. Wühlmausvergrämung mit Ultraschall macht sie jagdunfähig.

Neben Mücken machen Nachtfalter einen Großteil ihres Fanges aus. Insbesondere während der Zeit der Jungenaufzucht, wenn der Energiebedarf am höchsten ist, sind sie auf diese großen, proteinreichen Beutetiere angewiesen. Damit Fledermäuse wieder satt werden, müssen die Bestände der nachtaktiven Schmetterlinge wieder zunehmen.

Dafür gestalten wir ein duftendes Blumenbeet, das speziell an die Bedürfnisse der Nachtfalter angepasst ist. Worauf es bei der Anlage ankommt, erfahrt ihr auf Seite 47, geeignete Blumen findet ihr in der Tabelle auf Seite 45. Ein solches Beet enthält viele einheimische Blumenarten, deren Blüten auch nachts geöffnet sind und Nektar anbieten, sodass sie von Nachtfaltern aufgesucht werden. Gleichzeitig sind einige der Blumen Futterpflanzen für Nachtfalter-Raupen, damit die nächste Generation

Nachtkerzen, Weidenröschen, Natternkopf: Die unzähligen nektargefüllten Blüten erfreuen nicht nur Nachtfalter, sondern auch unser Auge.

NACHTFALTER-BLUMEN FÜR EIN FLEDERMAUSBEET

Arten	Wuchshöhe in cm	Blütenfarbe, Blühmonate	Nektar (N)- oder Raupenpflanze (R)
Einjährige			
Kornblume *(Centaurea cyanus)*	20–80	Blau, VI–X	N, R
Nelken-Leimkraut *(Silene armeria)*	20–60	Pink, VI–X	N
Weiße Lichtnelke *(Silene latifolia)**	30–120	Weiß, V–VIII	N, R
Zweijährige			
Wilde Möhre *(Daucus carota)*	40–100	Weiß, VI–IX	N, R
Gewöhnlicher Natternkopf *(Echium vulgare)*	30–120	Blau, VI–IX	N, R
Nachtviole *(Hesperis matronalis)*	40–100	Violett, IV–VII	N, R
Gemeine Nachtkerze *(Oenothera biennis)*	60–160	Gelb, VI–IX	N, R
Rote Lichtnelke *(Silene dioica)**	30–100	Pink, IV–IX	N, R
Schwarze Königskerze *(Verbascum nigrum)*	50–150	Gelb, V–X	R
Ausdauernde			
Gewöhnliche Schafgarbe *(Achillea millefolium)*	20–50	Weiß, V–IX	R
Färberkamille *(Anthemis tinctoria)*	20–60	Gelb, VI–IX	R
Knäuel-Glockenblume *(Campanula glomerata)*	30–60	Blauviolett, VI–IX	N, R
Wiesen-Flockenblume *(Centaurea jacea)*	20–80	Violett, V–X	N, R
Schmalblättriges Weidenröschen *(Epilobium angustifolium)*	50–200	Violett, VI–VIII	N, R
Echtes Labkraut *(Galium verum)*	20–70	Gelb, V–IX	N, R
Echtes Johanniskraut *(Hypericum perforatum)*	30–80	Gelb, VI–IX	R
Wiesen-Witwenblume *(Knautia arvensis)*	30–80	Violettblau, V–VIII	N, R
Gewöhnlicher Hornklee *(Lotus corniculatus)*	10–40	Gelb, V–IX	N, R
Dost/Wilder Oregano *(Origanum vulgare)*	20–90	Rosa, VII–IX	N, R
Taubenkropf-Leimkraut *(Silene vulgaris)*	20–50	Weiß, V–VIII	N, R

* Die Art kommt auch ausdauernd vor.

1. Das Schmalblättrige Weidenröschen wird auch von vielen anderen Schmetterlingen besucht. Hier ruht halb versteckt ein Schönbär.

2. Die Raupen des Mittleren Weinschwärmers *(Deilephila elpenor)* ernähren sich unter anderem von den Blättern des Schmalblättrigen Weidenröschens. An den Blüten saugen die geschlüpften Falter.

der Schmetterlinge hier ideale Bedingungen für ihre Entwicklung vorfindet. Viele von ihnen werden zwar von den Fledermäusen gefressen, aber längst nicht alle. Solange sie stets genügend Nektar und Raupenfutterpflanzen vorfinden, werden sowohl Nachtfalter als auch Fledermäuse hier prächtig gedeihen.

Pflege

Im Juni und Juli können die verblühten Blütenstände noch vor der Samenbildung entfernt werden. Dadurch werden die Blumen zur erneuten Blütenbildung angeregt und bieten den Nachtfaltern bis in den Spätsommer und Frühherbst hinein Nahrung. Ab Anfang August sollten die Blüten nicht mehr entfernt werden, damit sich Samen bilden können.
Die zum Herbst reifenden Stängel werden erst nach dem Winter zurückgeschnitten. Auf diese Weise dienen ihre Samen in der kalten Jahreszeit noch als hochwertiges Vogelfutter und die Stängel und Blätter als Rückzugsort für Insekten und Spinnen.

Wohnungsnot

Mit Fledermauskästen, ob gekauft oder selbst gebaut, könnt ihr in eurem Garten neue Unterschlüpfe schaffen.

MAGERES WILDSTAUDENBEET FÜR DIE SONNE

1. Den vorhandenen Bewuchs mit einem Spaten abtragen. Danach den Boden tief mit einer Grabegabel auflockern und vorhandene Rhizome entfernen. Grenzt das Beet an einen Rasen, hilft eine Beetbegrenzung, das Überwachsen durch Gräser zu verhindern: z. B. Pflaster- oder Klinkersteine am Beetrand in den Boden eingraben.

2. Das Beet mit einem Gemisch aus Sand und Kies bzw. Schotter auffüllen, denn viele unserer attraktiven Wildstauden gedeihen besser auf mageren Böden. Optional: Den oberen Abschluss mit einer dünnen Schicht Kiesel oder Schotter auffüllen. Diese verhindert eine übermäßige Verdunstung. Für die Pflanzung ein Loch ausheben und die Stauden zusammen mit etwas Kompost einsetzen und angießen.

3. Die Gestaltung der Bepflanzung erfolgt am besten nach der bewährten Einteilung in Bodendecker, Begleit- und Leitstauden (oder Gehölze). Leitstauden, z. B. Weidenröschen oder Rosen, einzeln in den Hintergrund pflanzen, Begleitstauden, z. B. Glocken- und Flockenblumen, in Grüppchen in die Mitte und Bodendecker, z. B. Labkraut, in den Vordergrund setzen.

4. Im ersten Jahr die jungen Blumen regelmäßig wässern. Auch hier gilt: Lieber großzügig als oberflächlich gießen. Abreifende Blütenstände können bis zum Hochsommer entfernt werden, um die Stauden zu neuer Blütenbildung anzuregen. Später werden sie nicht mehr abgeschnitten, um noch vor dem Winter Samen bilden zu können. Alte Stängel werden demzufolge erst im Frühjahr entfernt.

Nutzpflanzen mit Mehrwert

Eigenes Obst, Gemüse und Küchenkräuter anzubauen erfreut sich steigender Beliebtheit. Wie gut, dass unsere Nutzpflanzen auch einen echten Mehrwert für Wildtiere liefern.

Viele Nutzpflanzenarten sind einheimisch oder schon so lange in den Gärten Mitteleuropas anzutreffen, dass es zahlreiche Tiere gibt, die sich von ihnen ernähren. So lassen sich zwei Fliegen mit einer Klappe schlagen: leckeres Obst und Gemüse anbauen und Wildtiere unterstützen. Vorausgesetzt der Garten bleibt giftfrei und ihr teilt gerne.

OBST & NÜSSE

Die Blüten von Obstbäumen und -sträuchern spenden Pollen und Nektar für Insekten. Die Früchte werden von Vögeln wie Drosseln und Staren sowie von Säugetieren gefressen. Der Haselstrauch ist eine wichtige Nahrungspflanze für zahlreiche Insektenarten. Die Haselnüsse sind ein energiereiches Winterfutter für Spechte, Eichelhäher und Eichhörnchen.

GEMÜSE

Der schöne Schwalbenschwanz legt seine Eier bevorzugt auf Doldenblütler wie Möhre, Dill und Fenchel ab, denn seine Raupen ernähren sich von den Blättern dieser Pflanzen. Manche Wildbienen sammeln den Pollen für ihre Brut nur an Hülsenfrüchten. Im Nutzgarten werden sie an blühenden Erbsen- und Bohnenpflanzen fündig. Genauso gibt es auf Kreuzblütler spezialisierte Wildbienenarten. Aber auch einige Schmetterlingsraupen ernähren sich von Kohl- und Retticharten. Die meisten Laucharten wie Knoblauch, Zwiebeln und Schnittlauch sind hervorragende Nektarpflanzen für Wildbienen und Schmetterlinge. Die Zuchtformen der Wegwarte (Chicorée, Radicchio und Zichorie) dienen spezialisierten Wildbienen als Nahrung, sofern ihr sie blühen lasst. Die Samen sind ein sehr gutes Vogelfutter für Körnerfresser.

KRÄUTER

An Kräuterspiralen und -beeten finden sich wegen des hohen Nektarangebots stets viele Wildbienen und Schmetterlinge ein. Vor allem Lippenblütler wie Salbei, Thymian und Oregano zählen zu den Insektenmagneten.

Eine Gartenpflanze mit doppeltem Nutzen ist der Boretsch. Er schmeckt den Menschen als Salatgewürz und versorgt Hummeln und andere Wildbienen mit Nektar.

NÄHRSTOFFREICHES NUTZPFLANZENBEET

1. Die Maße des Beetes abstecken und den Bewuchs und die Erde etwa einen Spaten tief innerhalb der Absteckung entfernen. Danach die Beetbegrenzung, zum Beispiel aus Kantensteinen, bauen. Den Boden mit einer Grabegabel auflockern und mit einem Wühlmausschutz abdecken.

2. Das Beet mit nährstoffreichem Substrat befüllen. Zuunterst für die Langzeit-Nährstoffversorgung eine Schicht gehäckselten Baum- und Strauchschnitt schichten, darüber gute, mit Kompost vermischte Gartenerde aufbringen. Als Abschluss kommt obenauf idealerweise eine Schicht hochwertige Pflanzerde. Auf torfhaltige Erden verzichten!

3. Für Pflanzung bzw. Aussaat sind die Pflanz- bzw. Saathinweise sowie Pflanzabstände der jeweiligen Arten zu berücksichtigen. Stehen die Pflanzen später zu eng, kann es zu Verpilzung und Kümmerwuchs kommen. Die Ballen vorgezogener Pflanzen vor dem Einsetzen gut auflockern.

4. Schneckenabwehr: In den folgenden Wochen vorwiegend morgens gießen, damit die oberste Bodenschicht schnell wieder abtrocknet. Zusätzlich ein Kupferband von außen an der Umrandung anbringen. Dadurch haben es Nacktschnecken schwerer, in das Beet zu gelangen.

Hecken und Bäume

Die meisten Gärten sind heutzutage so klein, dass sie nur wenig Platz für Wildnis bieten. Wäre es da nicht toll, wenn sich die für Tiere nutzbare Fläche im eigenen Garten ganz einfach vergrößern ließe? Geht nicht? Doch, mit Hecken und Bäumen.

1

WAS HABEN HECKEN UND BÄUME ZU BIETEN?

Indem sie den Platz in der Höhe nutzen, vergrößern sie den Lebensraum für viele Tierarten. Zusätzlich schaffen sie neue Biotope, zum Beispiel für die Haselmaus oder für Grasmücken (Vögel), die in Gärten ohne Hecken nicht vorkommen.

Dank ihrer windbrechenden Eigenschaften regulieren sie die Luftzirkulation und erzeugen auf diese Weise ein günstiges Mikroklima. Sie reinigen die Luft und schaffen sowohl Wärmeinseln als auch schattige Plätzchen.

In ihrem dichten Geäst bieten Hecken und Bäume darüber hinaus geeignete Nistmöglichkeiten für viele Vögel und Kleinsäuger. Ihre Knospen, Blüten, Früchte, Blätter und ihr Holz sind Nahrung für unzählige Insekten, Vögel und Säugetiere.

Damit Hecken und Bäume diese wichtigen Funktionen erfüllen können, müssen drei Voraussetzungen erfüllt sein: Sie sollten einheimisch, naturnah und freiwachsend sein.

Efeu – Alternative für nutzlose Hecken

Viele gängige Heckensträucher und Bäume wie Thuja oder Kirschlorbeer sind nicht heimisch. Ihre Blätter und Früchte sind für die meisten Tierarten ungenießbar. Wenn darüber hinaus die Blüten steril sind und weder Pollen noch Nektar produzieren wie bei Zier-Kirschen oder Forsythien dann sind sie ökologisch absolut nutzlos. Warum sind diese Bäume und Sträucher in unseren Gärten so weit verbreitet? Klar, Thuja und Kirschlorbeer wachsen schnell und bieten zeitnah und selbst im Winter einen immergrünen Sichtschutz. Einheimische Alternativen gibt es dafür nicht, meinen viele Gartenbesitzer. Aber das stimmt nicht. Wie wäre es zum Bei-

1. Geschnittene und freiwachsende Hecke direkt nebeneinander. Nur in einer von beiden brüten Nachtigall und Neuntöter.

2. Vögel wie die Mönchsgrasmücke singen nur in baum- und strauchreichen Gärten ihre melodischen Lieder.

spiel mit einer Efeuhecke? Hochrankend an Zaunelementen wächst sie sogar noch schneller als Kirschlorbeer. Sie ist einheimisch, bildet bei Tieren heißbegehrte Blüten und Früchte, ist immergrün, für Schatten und Sonne geeignet und kann sogar auf eine Breite von nur wenigen Zentimetern getrimmt werden. Damit passt sie selbst in kleinste Gärten und auch auf Balkone.

2

BÄUME PFLANZEN

Bei einer Neupflanzung sind die Mindestabstände zu den Nachbarn zu beachten, um die Gehölze später nicht noch einmal umsetzen zu müssen. Für Sträucher in einer Hecke sollten weitere Abstände als die allgemein empfohlenen gewählt werden. Je nach Endgröße sind das 1,5 bis 2 m. Das spart nicht nur Geld, die einzelnen Pflanzen leiden so weniger unter Licht- und Wassermangel, haben mehr Platz für die Blüten- und Fruchtbildung und bleiben gesünder. Die Pflanzung erfolgt im Oktober/November oder im März/April. Hierfür eignet sich am besten wurzelnackte Ware. Dabei handelt es sich um Sträucher und Bäume, die sich im winterlichen Ruhezustand befinden. Sie werden ohne Topf und Erde, also mit „nackten“ Wurzeln verkauft.

1

2

Lasst den Platz unter Hecken und Bäumen nicht ungenutzt. Attraktive **Frühblüher** wie Lerchensporn, Anemone und Duft-Veilchen sowie eine Schicht Laub und Reisig werten diesen Bereich ökologisch stark auf.

So geht's:

1. Für einige Stunden in einen Eimer stellen und wässern.

2. Pflanzlöcher ausheben, die etwa doppelt so groß und tief sein sollten wie das Wurzelwerk der Gehölze.

3. Wenn noch nicht in der Baumschule oder Gärtnerei geschehen, die Wurzeln mit einem scharfen Messer oder einer Schere einkürzen.

4. Faule und beschädigte Wurzelstücke entfernen.

5. Pflanzen in das Loch stellen.

6. Das Loch locker mit Erde füllen und wässern. Ein Hochrütteln der Pflanze bewirkt, dass sich verbliebene Lufträume mit Erde und Wasser füllen.

DIE PFLEGE VON GEHÖLZEN

Zwischen 1. März und 15. September sollte auf das Zurückschneiden verzichtet werden, um brütende Vögel nicht zu stören. Beim Pflegeschnitt der Bäume ist auf die Empfehlungen für die jeweiligen Arten achten. Für Hecken gilt: Auch einheimische Sträucher können ökologisch nahezu wertlos werden, wenn sie durch häufigen Schnitt in eine penible, geometrische Form gezwungen werden. So können sich kaum Blüten und Früchte bilden. Erst freiwachsende Hecken entfalten ihr gesamtes Spek-

1. Efeuhecke: Sichtschutz, Nistplatz, Bienenweide und Beerenlieferant in einem.

2. Nach einer Weile verrottet die Benjeshecke. Um sie zu erhalten, wird einfach regelmäßig neu anfallendes Schnittgut nachgelegt.

TOPS & FLOPS DER GARTENGEHÖLZE

Einheimisch und wertvoll	Nicht heimisch und ungeeignet
Besenginster	Bauern-Hortensie
Brombeere	Forsythie
Efeu	Japanknöterich
Hasel	Kirschlorbeer
Hundsrose	Rhododendron
Obstgehölze: Apfel-, Kirsch-, Birnen-, Pflaumenbäume	Thuja
Schwarzer Holunder	Zier-Kirschen
Weißdorn	Zier-Wacholder

trum an Vorteilen. Aber auch sie kommen nicht gänzlich ohne Pflege aus. Dazu werden in den ersten Jahren nach der Pflanzung kranke Zweige entfernt. Einzelne Zweige und Äste können auch eingekürzt werden, um eine bessere Verzweigung und ein dichteres Wachstum anzuregen. Wird die Hecke zu groß, können einzelne Pflanzen radikal auf den Stock gesetzt werden. Das bedeutet, dass die gesamte Pflanze 30 bis 40 cm über dem Boden komplett abgeschnitten wird. Aber bitte niemals die gesamte Hecke auf einmal!

Spezial: Benjeshecke

Ein Spezialfall unter den Hecken ist die sogenannte Benjeshecke. Sie wird nicht gepflanzt, sondern gebaut. Alles was man dafür benötigt, findet sich in eingewachsenen Gärten in Hülle und Fülle und bereitet sonst viel Aufwand bei der Entsorgung. Die Rede ist vom Baum- und Strauchschnitt. Sämtliche Äste und Zweige werden in Form einer Hecke übereinandergeschichtet. Halt geben vertikale, in den Boden gerammte oder eingebuddelte Äste bzw. Stämme. Diese Hecken sind blickdicht und ein Lebensraum für sehr viele nützliche Käferarten. Auch Säugetiere, Vögel, Reptilien und Amphibien finden hier Schutz und Unterschlupf.

Vielseitig und nützlich

Weißdorn kann als Strauch oder Baum gezogen werden. Er ist mit seinen Blüten und Früchten ein wertvolles Vogel- und Insektennährgehölz.

BLÜTENHECKE SELBST ANLEGEN

1. Die Hecke soll Wildtieren Lebensraum, Schutz und Nahrung bieten, gleichzeitig mit ihren Blüten den Garten verschönern, nicht zu breit oder zu hoch werden und einen kräftigen Rückschnitt vertragen. Geeignete Arten sind:

- Hasel
- Hundsrose
- Kornelkirsche
- Schwarzer Holunder
- Strauch-Efeu
- Zwetschgen-Ministämmchen
- Weißdorn

2. Abstände ausmessen. Zur Grundstücksgrenze können diese je nach Bundesland variieren und sind von der Endhöhe der Pflanzen abhängig. Deshalb können für kleine Gärten auch langsam wachsende Zwergformen von Bäumen gewählt werden. Der Abstand zur Grenze könnte 1,5 m, der Abstand der Sträucher und Bäume untereinander 2 m betragen. Pflanzstellen markieren.

3. Pflanzlöcher ausheben, die doppelt so breit und ein Stück tiefer sind als das Wurzelwerk. Die Erde am Grund des Lochs gut auflockern. Für noch mehr Blüten zusätzlich einen Blühsaum anlegen. Dafür die Vegetationsdecke entlang der geplanten Hecke entfernen.

4. Wenn es sich um wurzelnackte Pflanzen handelt, werden diese nun für mehrere Stunden in einen mit Wasser gefüllten Eimer gestellt. Dadurch werden die Wurzeln optimal mit Feuchtigkeit versorgt und das Anwachsen erleichtert.

5. Vor dem Einpflanzen beschädigte oder vergammelte Wurzelteile abschneiden. Wenn noch nicht von Seiten der Gärtnerei geschehen, die Wurzeln auch insgesamt ein Stück einkürzen, um eine gute Einwurzelung am neuen Standort zu erleichtern. Mit selbst gezogenen Pflanzen ebenso verfahren und auch die oberirdischen Triebe einkürzen.

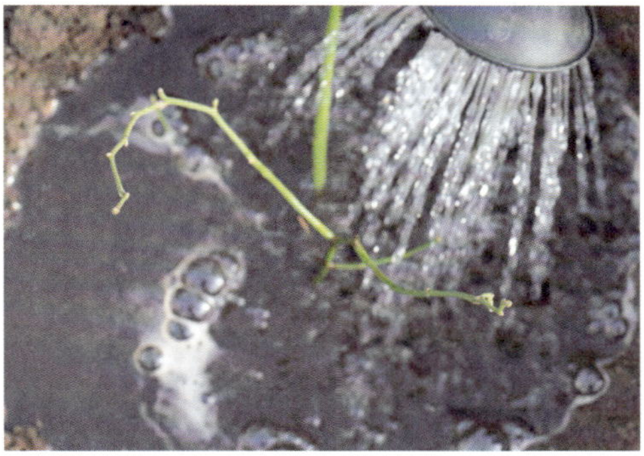

6. Gehölze in die Pflanzgruben stellen und diese wieder vorsichtig mit Erde befüllen. Dabei darauf achten, dass die Wurzeln vollständig mit Substrat bedeckt sind. Durch ein leichtes Hochrütteln der Pflanze werden Hohlräume in Wurzelnähe geschlossen und der Kontakt zum Erdreich verbessert. Anschließend die Erde leicht festtreten, einen Gießrand um die Pflanze errichten und ausgiebig gießen.

7. Den Saum entlang der Hecke einsäen. Als Saumblumen eignen sich Margeriten, Glockenblumen, Färberkamille, Flockenblumen, Fingerhut, Königskerzen, Nachtviole, Silberblatt und andere einheimische Blumenarten. Wenn es sich um eine Herbstpflanzung handelt, können auch Frühblüherzwiebeln gesteckt werden.

8. Den Winter über die jungen Gehölze mit einer Laubschicht oder mit Jute vor strengem Frost schützen. Im ersten Jahr nach der Pflanzung regelmäßig gießen, insbesondere in den Sommermonaten und bei Frühjahrstrockenheit.

WASSER IM NATURGARTEN

BEGEHRTES NASS

Kaum ist eine geeignete Wasserstelle aufgestellt, schauen die ersten Gäste vorbei. Das Bedürfnis nach einem täglichen Bad ist auch bei Gartenvögeln sehr groß.

TRÄNKEN KÖNNEN PFÜTZEN ERSETZEN

Warum Wasser so wichtig ist

Was ist noch wichtiger für unsere Wildtiere als ausreichend Futter? Ausreichend Wasser! Wasser ist Leben und Lebensraum. Selbst kleine Vogeltränken und Miniteiche haben einen großen Nutzen, und das keineswegs nur im Sommer.

Nahezu alle unsere Gartentiere, von der kleinen Fliege bis zum Igel, müssen trinken. Das heißt sie nehmen Wasser aktiv auf und nicht nur über die Nahrung zu sich. Während ein kleines, solitär lebendes Insekt mit ein paar Tautropfen auskommt, brauchen Staaten bildende Insekten vor allem im Hochsommer teils erhebliche Mengen Wasser. Dieses wird unter anderem für Bau- und Kühlungszwecke verwendet. Müssen sie es von weither holen, verbrauchen sie viel Energie und setzen sich erheblichen Gefahren aus. Finden sie nur eine tiefe Wasserstelle mit steilen, glatten Wänden, ertrinken viele von ihnen.

Das Gleiche gilt für Vögel, Igel, Eichhörnchen und viele andere Tiere. Sie alle brauchen sichere und saubere Wasserquellen in der Nähe, aus denen sie gefahrlos trinken und in denen sie sich bei Bedarf der Körperpflege hingeben können.

SAUBERES WASSER

Wasser ist für Wildtiere nur nützlich, wenn es frei von Krankheitserregern und Schadstoffen ist. Mit Chlor behandeltes Wasser in Swimmingpools ist giftig, und ungereinigte Vogeltränken und Badestellen sind bei warmem Wetter Brutstätten für tödliche Krankheitserreger. Sauberkeit ist deshalb das A und O.

Sauberes Wasser sollte den Tieren ganzjährig zur Verfügung stehen, nicht nur im Sommer. Besonders an frostigen Wintertagen ist flüssiges Wasser heiß begehrt bei Vögeln. Sofern vorhanden wird die Gefiederpflege von ihnen im Winter genauso gerne mit Wasser durchgeführt wie im Sommer. Früher ging das problemlos in den vielen Pfützen auf unbefestigten Wegen, heute gibt es in den meisten Wohnsiedlungen weit und breit keine Pfütze mehr. Umso wichtiger sind Teiche, Tränken und Vogelbäder.

Wasser wird schnell zur Todesfalle. Deshalb unbedingt für jede steilwandige Wasserstelle Ausstiegshilfen anbieten.

Durstige Gartengäste

Eine Tränke für alle? Das ist keine gute Idee. Die verschiedenen Tiere, ob Vögel, Säugetiere oder Insekten, haben teilweise recht unterschiedliche Anforderungen an eine sichere und saubere Wasserstelle.

VOGELTRÄNKEN

Meistens werden Tränken im Laufe des Tages von vielen Vögeln aufgesucht. Nicht nur zum Trinken, auch zum Baden. Um die Verbreitung von Krankheiten zu vermeiden, sollten sie deshalb täglich mit kochend heißem Wasser gereinigt werden. Alternativ können auch zwei Tränken im Wechsel benutzt werden. Jeweils die eine als Tränke, während die andere ausgeleert in der Sonne trocknen kann. In der ausgetrockneten Schale töten die UV-Strahlen der Sonne die meisten Erreger ab. Täglich tauschen.
Wer auf Nummer sicher gehen möchte, der bietet den Vögeln mehrere Tränken parallel an. Sollte ein kranker Vogel aus einer der Schalen trinken, bleiben noch mehrere Trinkmöglichkeiten übrig und die Wahrscheinlichkeit einer Übertragung wird deutlich verringert. Natürlich sollten sie trotzdem täglich gereinigt werden. Die Tränken werden an einem übersichtlichen Platz aufgestellt.

TRINKGEFÄSSE FÜR SÄUGETIERE

Während des langen Winterschlafes müssen Igel nicht nur auf Nahrung verzichten, auch Flüssigkeit können sie in der Zeit nicht zu sich nehmen. Kein Wunder, dass sie im Frühling als erstes auf die Suche nach frischem Wasser gehen. Gelangen sie dabei an

Wenn sie die Wahl haben, trinken Erlenzeisige und andere Vögel lieber das frische Wasser aus sauberen Vogeltränken als abgestandenes Wasser aus ungereinigten Gefäßen.

einen Pool oder eine Teichschale mit steilen Kanten, kann ihr starker Durst sie buchstäblich ins Unglück stürzen. Das Gleiche gilt für die heißen Sommermonate. Deshalb ist es besser, ihnen flache Trinkgefäße anzubieten. Hierfür eignen sich auch Vogeltränken, die aber anstatt an einer übersichtlichen Stelle lieber leicht verborgen unter einer Hecke platziert werden.

TRÄNKEN FÜR INSEKTEN

Diese werden so gestaltet, dass selbst kleine Insekten darin nicht ertrinken können. Weil sie weniger häufig gereinigt werden müssen, sollten sie so gestaltet sein, dass Vögel sie nicht zum Trinken und Baden aufsuchen.

CHECKLISTE FÜR TRÄNKEN

- Flache Gefäße verwenden
- Künstliche Vogeltränken täglich mit kochendem Wasser reinigen
- Auf Chemikalien verzichten
- Mehrere Tränken gleichzeitig aufstellen
- Ganzjährig, auch im Winter, Wasser anbieten
- Zusätzlich natürliche Wasserstellen anlegen

INSEKTENTRÄNKE PLUS

1. Materialien: Flache Schale, große Steine, kleine Kiesel, Lehm (wird von einigen Arten als Baumaterial verwendet, etwa von manchen Wildbienen, die damit ihre Brutröhren verschließen). Bei Verwendung gebrauchter bzw. verschmutzter Materialien sind diese vor der Befüllung mit einer Bürste und kochendem Wasser zu reinigen Das muss nicht allzu gründlich sein, aber dickere Schmutzbeläge sollten runter.

2. Steine, Kiesel und Lehm in der Schale platzieren. Es sollten keine offenen Wasserstellen verbleiben, aus der Vögel trinken könnten. Die Insektentränke wird seltener gereinigt als eine Vogeltränke. Würde sie von Vögeln genutzt, bestünde eine erhöhte Gefahr der Krankheitsübertragung.

3. Mit Wasser befüllen: Nur so viel, dass es zwischen den Kieselsteinen zu sehen ist, aber diese nicht komplett bedeckt. So können die Insekten an keiner Stelle ertrinken. Der Lehm sollte sich vollsaugen können, damit er von Insekten wie Mauerbienen bearbeitet und abtransportiert werden kann. Regelmäßig Wasser nachfüllen und die Schale ab und zu mit kochendem Wasser reinigen.

FROSTFREIE VOGELTRÄNKE

1. Benötigt werden ein großer Blumentopf aus Ton oder Keramik, ein großer Tonuntersetzer, eine Kerze und ein Metalldraht ohne Ummantelung. Der Außendurchmesser des Tonuntersetzers sollte 1 bis 2 cm größer sein als der Innendurchmesser des Blumentopfes. Der Untersetzer muss genau in die Öffnung des Blumentopfes passen und am Rand aufliegen, sodass nichts verrutschen kann.

2. Fünf bis sechs Drahtstücke zurechtschneiden und an mehreren Stellen um den Rand des Blumentopfes biegen. Wenn nun der Tonuntersetzer oben auf den Topf gestellt wird, bleibt eine kleine Ritze zwischen Untersetzer und Topf. Diese ist wichtig für die Sauerstoffversorgung der Flamme.

3. Die Kerze anzünden und in den Topf stellen. Wichtig: Achtet unbedingt darauf, keine brennbaren Materialien für die Vogeltränke zu verwenden.

4. Den Tonuntersetzer auf den Blumentopf stellen und mit Wasser befüllen. Ein Stein im Wasser hilft den Vögeln dabei, die Tränke als solche zu erkennen und auszuprobieren. Die Kerze kann abends gelöscht und am frühen Morgen wieder angezündet werden oder auch durchgehend brennen. Bei Bedarf die Kerze erneuern. Den Tonuntersetzer täglich mit kochendem Wasser reinigen.

Treffpunkt Gartenteich

Eine Wasserstelle ist immer ein Hotspot für das Leben und die Artenvielfalt. Das gilt für natürliche Gewässer genauso wie für künstlich angelegte Gartenteiche.

1

Ein liebevoll gepflegter Goldfisch- oder Koi-Teich, inklusive Fütterung und Filtertechnik, ist leider nicht selten eine Todesfalle für einwandernde Wildtiere. Nicht nur fressen die Fische alles, was sie überwältigen können. Die mit dem Fischbesatz einhergehende, unverzichtbare Technik aus Filter, Skimmer, Pumpe und Co. verschlingt ebenfalls erbarmungslos jedes Lebewesen, das den Sicherheitsabstand nicht einhält oder durch das Schutznetz flutscht. Zwar schafft es zwischen dichtem Pflanzenwuchs auch mal eine Libelle, sich bis zum ausgewachsenen Insekt zu entwickeln. Aber im Großen und Ganzen handelt es sich bei einem Teich, der stark mit Fischen besetzt ist, um ein viel zu nährstoffreiches, artenarmes und somit ökologisch minderwertiges Kleingewässer.

DAS GROSSE POTENZIAL VON GARTENTEICHEN

Dort, wo es sie in unserer Natur noch gibt, bringen Kleingewässer hingegen artenreiche Ökosysteme hervor, die von vielerlei selten gewordenen Lebewesen bewohnt werden. Etliche Amphibienarten meiden für ihre Fortpflanzung große Seen und Flüsse und weichen stattdessen auf kleine Tümpel, Teiche und sogar große Pfützen aus. Kreuzkröten, Wechselkröten, Gelbbauchunken und Molche gehören beispielsweise in diese Kategorie. Viele Libellenarten und Wasserkäfer tun es ihnen gleich. Einziger Zweck dieser Maßnahme: Sie möchten damit den Hauptfeinden ihres Nachwuchses, den Fischen, aus dem Weg gehen. Diese kommen natürlicherweise selten in Kleingewässern vor. Und wenn es doch mal welche hineinschaffen,

> In technik- und **fischfreien Gartenteichen** können sich auch weniger häufige Amphibienarten vermehren.

BEREICHERUNG FÜR JEDEN GARTEN

sterben sie oft recht schnell durch Austrocknung des Gewässers, durch Graureiher oder an Sauerstoffmangel.

EIN TEICH OHNE FISCHE IST NICHT LANGWEILIG

Wer seinen Gartenteich nicht ausschließlich für bunte Fische anlegen möchte, der kann es mal ganz ohne Fischbesatz versuchen und beobachten, was sich die Natur alles einfallen lässt. Zumindest wird es im Wasser, wie durch Zauberhand, schon kurz nach der Anlage von Leben wimmeln. Zunächst nur von kleinen Lebewesen wie Wasserflöhen und Hüpferlingen. Kurze Zeit später kommen die verschiedensten Schwimmkäfer- und Libellenarten dazu, außerdem Rückenschwimmer und Wasserläufer. Gibt es in der Nähe Amphibienpopulationen, dauert es meistens nicht lange, bis auch einige von ihnen den Teich gefunden und als geeigneten Lebensraum erkannt haben. Teichfrösche und Teichmolche sind weniger an ihre eigenen Schlupfgewässer gebunden als Erdkröten und zeigen sich deshalb häufig schon nach kurzer Zeit. Sind diese Tiere erst einmal eingezogen, kommt mit viel Glück auch eine Ringelnatter vorbei.

Keine Angst vor Mücken!

Manchmal ist der einzige Grund für den Fischbesatz die Angst vor einer Mückenplage. Aber diese Angst ist unbegründet, wenn ein paar Dinge beachtet werden:

1. Ein fischfreier Teich sollte stets ein sonniges Plätzchen bekommen. In einem besonnten Teich wimmelt es von Libellenlarven, Schwimmkäfern und Rückenschwimmern. Für sie alle sind

2

1. Ein Teich mit Tannenwedel und Seerosen

2. Ringelnattern lieben Amphibiengewässer, weil sie voll mit ihren Lieblingsbeutetieren sind. Dazu gehören auch die Kaulquappen.

1

2

1. Die Totholz-Wurzel am Teichufer bietet Molchen, Kröten, Fröschen und Ringelnattern einen sicheren Ein- und Ausstieg. Die hoch gewachsene Blumenwiese direkt dahinter sorgt zusätzlich für Schutz, Nahrung und Lebensraum.

2. Ein durchgehend flacher Teich ohne Fische ist ein Paradies für Amphibien und Kleintiere.

Mückenlarven echte Leckerbissen.
2. Mit einer naturnahen Gestaltung von Teich und Umgebung werden Fressfeinde der Mücken unterstützt. Ein sandiger Teichgrund bietet Libellenlarven Schutz, eine Blumenwiese ist Lebensraum für Spinnen.
3. Der Teich sollte nicht komplett verkrauten und verschilfen. Je mehr Versteckmöglichkeiten Mückenlarven an der Wasseroberfläche finden, umso schwerer haben es ihre Fressfeinde.

PFLANZEN FÜR EINEN NATURNAHEN TEICH

Dass auch in Gartenteichen einheimische Wasserpflanzen deutlich mehr für unsere Tierwelt leisten als exotische Arten, ist klar. Glücklicherweise müsst ihr euch dabei nicht zwischen Schönheit und Nutzen entscheiden, denn viele von ihnen gehören zweifellos in die Kategorie der besonders attraktiven Pflanzen.
Klassische Gartenteiche werden meist in drei Zonen eingeteilt, in denen entsprechend Pflanzen mit unterschiedlichen Ansprüchen wachsen.
– Für die tiefste Zone (ab ca. 1 m Wassertiefe) eignen sich die schönen See- und Teichrosen, insbesondere ihre Wildformen und nicht die weitaus häufiger angebotenen Hybriden. Eine bei uns immer seltener werdende Schwimmpflanze ist die Krebsschere. Sie ist für das Überleben der vom Aussterben bedrohten Grünen Mosaikjungfer essenziell, da diese Großlibellenart nur an dieser Art ihre Eier ablegt. Ebenfalls stark bedroht sind die letzten Vorkommen der Wassernuss. Dennoch kann auch sie als Schwimmblattpflanze in der Tiefwasserzone angesiedelt werden.
– In der Flachwasserzone (20 bis 50 cm Wassertiefe) gedeihen Tannenwedel und die attraktive Schwanenblume.
– Die Sumpfzone (0 bis 20 cm Wassertiefe) wird durch Schwertlilie, Blutweiderich, Sumpfdotterblume, Wasserminze, Drachenwurz, Wasserdost und Echten Baldrian nicht nur zu einem blühenden Hingucker, sondern auch zu einem echten Insektenparadies.

SPEZIELLE TEICHE

Wenn keine Fische den Winter im Teich überstehen müssen, dann gibt

es auch keinen Grund mehr, an der traditionellen Teichgestaltung mit Tiefwasserzone festzuhalten.
Geht es euch bei einem tierfreundlichen Garten auch um die Förderung seltener Arten, dann kommt ihr um außergewöhnliche Teiche gar nicht herum. Besonders nicht um Flachwasserteiche, die auch mal austrocknen dürfen. Diese temporären Gewässer sind, so wie Pfützen, selten geworden.

PFLEGE UND ALGENVORBEUGUNG

In den Gartenteich gelangen durch Laubfall und Tiere ständig neue Nährstoffe, die das Algen- und Pflanzenwachstum und damit auch die Verschlammung antreiben. Ohne ein wenig Pflege führen diese Prozesse nach einigen Jahren zur Verlandung. Deshalb ist es wichtig, hin und wieder einzugreifen und die Uhr wieder zurückzudrehen. Zu den wichtigsten Maßnahmen gehört, dem Teich die eingetragenen Nährstoffe wieder zu entziehen. Das funktioniert am besten über das Abfischen von Algen und das Ausdünnen sich stark ausbreitender Pflanzen. Weil die Mulmbildung insbesondere im Winter durch abgestorbenes Material stattfindet, sollte der Teich im Herbst gründlich von Fadenalgen und Laub gereinigt werden. Aber Achtung: Algenmatten sind voller Kleintiere – unbedingt auf Kaulquappen, Libellenlarven und Co. kontrollieren.
Schlammansammlungen können mit einer Pumpe abgepumpt werden, am besten abschnittsweise, um die darin lebenden Bewohner zu schonen. Bitte auch den Schlamm auf Tiere kontrollieren.
Das Algenwachstum lässt sich am effektivsten durch eine reiche Bepflanzung des Teiches eindämmen. Dann entziehen die Teichpflanzen dem Wasser einen Großteil der Nährstoffe, sodass für die Algen nicht mehr viel übrigbleibt.

Der Spitzenfleck, eine Großlibellenart, legt seine Eier in warme, sonnige Gewässer. Die Larven benötigen zwei Jahre für ihre Entwicklung zum flugfähigen Insekt.

RÜCKZUGS-ORTE AUS HOLZ UND STEIN

EINFACHE VERSTECKE ANBIETEN

NATÜRLICHER UNTERSCHLUPF

Zusammen mit ein paar Ästen ergibt dieser Haufen aus Blumenwiesenschnitt einen wetterfesten Unterschlupf für viele Tiere.

Natürliche Rückzugsorte bieten

Was ist das Geheimnis von Gärten, in denen es vor Leben nur so wuselt? Neben einer reichen Auswahl an natürlichen Futterquellen ist es dieser gewisse Grad an „Unordnung", der den Unterschied macht – eine Laubecke hier, ein Holzhaufen dort.

Wildtiere brauchen Rückzugsorte. Sie zählen zu den wichtigsten Elementen in einem tierfreundlichen Garten und ermöglichen erst eine dauerhafte Besiedlung. Die meisten Tiere stehen auf dem Speiseplan mindestens einer anderen Tierart und müssen sich, um überleben zu können, vor ihnen in Sicherheit bringen. Doch sie brauchen nicht nur Schutz vor ihren Fressfeinden, sondern auch vor Sonne, Hitze, Sturm, Kälte, Schnee, vor dem Ertrinken nach einem Starkregen oder vor dem Totgetretenwerden. Insbesondere gilt das für Schlafpausen und Eiablagestellen, für die Brut und die Jungenaufzucht sowie für die Winterruhe.

Aufgeräumte Gärten machen es den Tieren schwer, sich zu verstecken. Sie werden viel zu früh von ihren natürlichen Feinden, teilweise aber auch von Hunden, Hühnern und Katzen, erbeutet. Oder sie kommen durch ungünstige Wetterbedingungen ums Leben. So kommt es zunächst zu einem Rückgang, manchmal auch zu einem völligen Verschwinden einer Art. Die Tierwelt im Garten gerät aus dem Gleichgewicht und verarmt.

NATÜRLICHE UNTERSCHLUPFMÖGLICHKEITEN

Dafür gibt es gute Gründe:

1. Wildtiere sind an natürlichen Unterschlupf angepasst.
2. Unterschlupf aus Holz und Laub gehört zum Nährstoffkreislauf des Gartens und muss nicht extra entsorgt werden.
3. Der eigene Garten bietet das Material, es kostet nicht extra und wächst im Garten immer wieder nach.
4. Der Unterschlupf wird von vielen anderen Lebewesen mitgenutzt.
5. Die Untermieter sind ihrerseits Nahrung und Teil von Nahrungsketten und Ökosystemen.

Ein natürlicher Holzhaufen für Igel wird ebenso von Käfern, Asseln, Schnecken, Kröten, Molchen und Eidechsen genutzt. Künstliche Igelhäuser haben weniger Bewohner.

Einfache Rückzugsorte: Laub und Stängel

Blätter und andere Pflanzenteile sind Nahrung und Unterschlupf für unsere kleinsten Gartenbewohner. So sehr sie unser ästhetisches Empfinden auch manchmal stören mögen, sie gehören in die Lebensräume der Gartentiere und erfüllen wichtige Funktionen.

HERBSTLAUB

Wenn es zum Ende des Herbstes richtig kalt wird, sind sie mit einem Mal verschwunden, die vielen Insekten, Spinnen, Asseln und Käfer, die im Spätsommer allgegenwärtig waren. Im Frühling, wenn die Sonne die Luft endlich erwärmt, tauchen sie plötzlich wieder auf, als wären sie nie weg gewesen. Aber wo waren sie in der Zwischenzeit?

Sie alle haben sich unter Laub, in Stängeln oder Ähnlichem verkrochen. Das Laub, das im Herbst von den Bäumen fällt, bildet auf dem Boden eine dünne, isolierende Schicht. Diese Schicht schützt nicht nur darunter wachsende Pflanzen vor strengem Frost und eisigen Winden, sondern auch die kleinen Tiere.

Davon profitieren letztendlich sogar die Vögel. Amseln, Meisen, Rotkehlchen, Heckenbraunellen und etliche andere durchwühlen das Laub im Winter nach den energiereichen Insekten und Würmern, die sie zum Überleben brauchen.

Das Herbstlaub vollständig zu beseitigen ist also keine gute Idee. Schon gar nicht mit einem Laubsauger, der alle Kleintiere und sogar Amphibien ebenfalls einsaugt und zerstückelt. Meistens reicht es ja auch, es auf Rasenflächen, Wegen und Plätzen weg zu rechen oder zu fegen. Der daraus entstehende Laubhaufen ist viel zu schade, um ihn über die Biotonne zu entsorgen. Stattdessen ergibt er, aufgeschichtet über ein paar Ästen, einen idealen Überwinterungsplatz für Igel und Molche. Alternativ kann das Laub auch unter der Hecke verteilt werden, wo es in kostbare Pflanzennährstoffe verwandelt wird. Auch

Inmitten eines Laubhaufens bleibt es auch im tiefsten Winter frostfrei. Der perfekte Ort für viele Tiere, den Winter unbeschadet zu überstehen.

Frühblüher wie Krokusse, Narzissen, Schneeglöckchen und Co. sind unter einer Laubschicht bestens aufgehoben.

STÄNGEL

Eine Laubdecke ist jedoch nicht der einzige begehrte Überwinterungsplatz im Garten. Auch in markhaltige und hohle Stängel ziehen sich viele Insektenarten zurück. Dafür nutzen sie vorhandene Löcher oder beißen sich selbst welche hinein. Wird der Garten schon im Herbst gründlich aufgeräumt und jeder Stängel abgeschnitten und entsorgt, ist das für die kleinen Tiere eine Katastrophe. Dürfen diese jedoch bis in den Frühling hinein stehen bleiben, überleben viele Insekten den Winter. Sollen die Stängel dennoch schon im Herbst abgeräumt werden, können sie einzeln oder gebündelt an anderer Stelle wieder aufgestellt werden (siehe S. 89).

Hohle, aber auch markhaltige Stängel wie von dieser Brombeere werden von Insekten für die Überwinterung genutzt.

1

Mauern und Steinhaufen

Mörtellose Mauern und einfache Steinhaufen ergeben langlebige und stabile Rückzugsorte mit ganz besonderen Eigenschaften. Denn als Wärmespeicher eignen sie sich hervorragend für wechselwarme und kälteempfindliche Reptilien und Amphibien.

Legesteinmauern und Steinhaufen werden ohne Mörtel und Verfüllung gebaut. Stattdessen liegen die Steine locker aufeinander, wodurch kleine Hohlräume erhalten bleiben. Idealerweise werden für ihren Bau regionale Steine mit einem Durchmesser von 20 bis 40 cm verwendet. Bei dieser Größe entstehen Hohlräume, die gerne von Reptilien besiedelt werden.
Ein einzelner Steinhaufen von weniger als 2 m³ wird zumindest von Reptilien oft nur zeitweise aufgesucht. Zu

einem richtigen Lebensraum wird der Garten hingegen mit der Anlage mehrerer Steinhaufen oder einer Kombination aus Haufen und Legesteinmauer. Diese Kombinationen eignen sich besonders bei Platzmangel, weil die Mauern einen gestalterischen Hauptzweck (Begrenzung, Dekoration) und zusätzlich einen Zweitnutzen für die Tierwelt haben.
Um möglichst viele Ansprüche an den Lebensraum zu erfüllen, sollte mindestens einer der Steinhaufen mit einer frostfreien Überwinterungsmöglichkeit unterhalb der Erdoberfläche ausgestattet sein.

STANDORT UND BEPFLANZUNG

Für die Anlage eignen sich am besten vollsonnige Stellen, insbesondere nach Süden ausgerichtete Hänge. Keinesfalls dürfen sie in Senken gebaut werden, in denen sich Regenwasser sammeln kann.
Unmittelbar nach der Fertigstellung werden die Bauwerke in der Regel noch nicht bezogen, weil sich zunächst die schützende Saumvegetation bilden muss.
Die Vegetation rund um Mauer und Haufen sollte aus einem mindestens 1 bis 2 m breiten Streifen aus mittelhohem Wildwuchs bestehen (Blumenwiese, Zwergsträucher), in dem die Tiere zusätzlich Deckung finden. Hoher Bewuchs aus Sträuchern und Bäumen sollte sich ausschließlich auf der Nordseite befinden.
Um das Innere vor Zugluft und Regen zu schützen, werden vor allem die Steinhaufen mit Überwinterungsplatz oben und auf der Nord- und Westseite mit Erde abgedeckt.

RECYCLINGHAUFEN

Wenn Mangel an Natursteinen herrscht, können auch alte Ziegelsteine und -platten verwendet werden. Solche Recyclingmauern und -haufen erfüllen denselben Zweck, solange die Hohlräume eine geeignete Größe aufweisen. Keinesfalls sollten aber bestehende Steinhaufen in der Landschaft geplündert werden. Diese sind bereits von vielen Tieren bewohnt.

2

3

1. Beetumrandungen und Haufen aus locker geschichteten Steinen

2. Auf der Südseite speichern die Steine die Sonnenwärme noch bis weit in die Nacht, wodurch innerhalb der Mauer ein wärmeres Kleinklima entsteht. Ideal für Eidechsen.

3. Die Kälte liebenden Arten wie Erdkröte und Teichmolch bewohnen die kühleren, auf der Nordseite gelegenen Hohlräume.

Zwischen Mitte Mai und Ende Juli graben Zauneidechsen-Weibchen an geeigneten Stellen Erdhöhlen, um ihre Eier hineinzulegen. Diese werden von der Sonnenwärme ausgebrütet.

ZUSATZANGEBOT

Wenn sich Zauneidechsen ansiedeln, sollte zusätzlich eine Eiablagestelle bereitgestellt werden. Dafür eignet sich am besten die von der Sonne beschienene Südseite im Vordergrund eines Steinhaufens oder einer Mauer. Idealerweise weist sie eine leichte Südhangneigung auf. An dieser Stelle sollte der Boden aus grabfähigem Sand bestehen und weniger hoch und dicht bewachsen sein als an der Ost- und der Westseite.

PFLEGEARBEITEN

Für die Instandhaltung von Steinhaufen, Mauern und die unmittelbare Umgebung ist nur wenig Pflege nötig. Ganz im Gegenteil sollten diese keinesfalls überpflegt werden. Lediglich Baum- und Strauchschösslinge solltet ihr hin und wieder zwischen den Steinen entfernen. Der wichtige Saumbereich rund um Steinhaufen und Mauer ist nur ein- bis zweimal im Jahr und dann nur abschnittsweise zu mähen. Wird er häufiger gemäht, kann das eine Besiedlung komplett verhindern. Bäume, die in einiger Entfernung stehen, aber wegen ihrer zunehmenden Größe drohen, die Steinhaufen oder Mauern zu beschatten, sollten hingegen zurückgeschnitten werden. Gräser und Kräuter, die zwischen den Steinen emporkommen, dürfen bleiben, weil besonders Reptilien eingewachsene Steinhaufen aus Sicherheitsgründen bevorzugen.

Ein sandiger und lückig mit **Zwergsträuchern** bewachsener Saumbereich wird von Zauneidechsen bevorzugt.

STEINHAUFEN MIT ÜBERWINTERUNGSMÖGLICHKEIT

1. An einer vollsonnigen Stelle, am besten an einem Südhang ein mindestens 80 bis 100 cm tiefes Loch ausheben. Die Grundfläche sollte mindestens eine Fläche von 100 x 100 cm aufweisen. Ist der Boden in der Tiefe lehmig, sollte das Erdloch noch um 10 cm tiefer ausgehoben und eine Drainageschicht aus einem Sand-Kies-Gemisch oder purem Kies eingebracht werden.

2. Steine mit einem Durchmesser von mindestens 20 cm (gerne auch größer) in das Loch einfüllen. Diese können auch mit dicken Ast- und Wurzelstücken vermischt sein. Die dabei entstehenden Hohlräume werden von den Reptilien genutzt, um in das Innere des Steinhaufens zu gelangen. Im tiefsten Bereich des Erdlochs befinden sich die frostsicheren Überwinterungsplätze.

3. Mit einem Teil des Aushubs die Nordseite und die obere Kante des Steinhaufens abdecken. Zum Schutz, damit die Erde nicht durch die Steine rieselt, wurde hier ein großes Baumwolltuch zwischen Steinen und Erde als Trennschicht ausgelegt. Es wird zunächst durchwurzelt und später kompostiert.

4. Wer mag, kann die sehr schnell austrocknende Erdschicht oben auf dem Steinhaufen mit Trockenspezialisten bepflanzen, damit sie nicht vom Regen weggespült wird. Es eignen sich z. B. Mauerpfeffer, Fetthenne und Hauswurz.

Totholz sorgt für Leben

Holz weist eine faszinierende Eigenschaft auf: Wenn es abstirbt, dann fängt es erst richtig an zu leben. Im Ökosystem Garten ist es deshalb in jedem Stadium von großer Bedeutung.

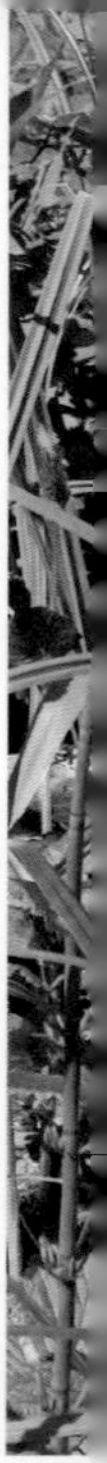

Es kann gar nicht genug Totholz herumliegen. Je mehr ihr davon im Garten belasst, desto lebendiger wird er. Denn es dient nicht nur als Unterschlupf, es ist auch Nahrung, Nisthilfe und Baumaterial. Es ist in jeder Form nützlich, dennoch gibt es ein paar Möglichkeiten, seinen Einsatz zu optimieren:

– Aufgestapelt oder zu Haufen aufgeschichtet wird Totholz zum Unterschlupf.
– Auch aufrecht stehendes Totholz stehen lassen, denn es wird von vielen Insektenarten bewohnt.
– Je dicker das Totholz, umso mehr Tierarten profitieren davon.
– Je dicker das Holz und je größer der Haufen, umso besser sind seine isolierenden Eigenschaften im Winter. Das ist wichtig für Igel, Fledermäuse und Insekten: Sie verkriechen sich in Hohlräume im oder unter dem Holz, unter der Rinde, in Löchern und Gängen von Käfern.
– Eine unschlagbare Kombination besteht aus dicken Ästen, feinen Zweigen und Laub.
– Totholz immer kombinieren mit anderen tierfreundlichen Gartenelementen wie Blumenwiesen, Wildstaudenbeeten, einem Naturteich, Steinhaufen und wilden Hecken.
– Ein Totholzhaufen auf einem überpflegten Zierrasen oder in einem lebensfeindlichen Schotterbeet wird keinen messbaren Effekt haben.
– Holzhaufen in der Sonne werden von Eidechsen, Ringelnattern, Blindschleichen, Wildbienen, Spitzmaus und Mauswiesel bewohnt, in schattigen Holzhaufen leben Amphibien (Erdkröte, Teichmolch), Blindschleiche, Spitzmaus und Laufkäfer.
– Ruhe gönnen: Totholz gibt es in vielen Gärten reichlich, zum Beispiel als Brennholzstapel. In dieser Form ist es aber nahezu wertlos. Gerade im Winter, wenn bereits viele Tiere in winzige Löcher in Holzscheiten oder Hohlräumen dazwischen eingezogen sind, wird der Stapel abgebaut und mitsamt den Bewohnern verbrannt. Winterschläfer wie der Igel verlieren dann ihren sicheren und isolierten Überwinterungsplatz. Totholz für

Tiere sollte für wenigstens einige Jahre komplett in Ruhe gelassen werden, damit mehrere erfolgreiche Vermehrungszyklen der darauf spezialisierten Tiere stattfinden können.

MYTHOS ODER WAHRHEIT: IN TOTHOLZ LEBEN BORKENKÄFER?

Totholz hat den Ruf, für die massenhafte Vermehrung von Borkenkäfern verantwortlich zu sein. Das ist jedoch nicht richtig. Borkenkäfer vermehren sich in geschwächten, aber lebenden Bäumen. Spätestens zwei Jahre nach dem Absterben sind sie aus dem toten Holz verschwunden. In der Waldnutzung belässt man sogar immer öfter befallene Bäume an Ort und Stelle. Der Grund: Nur wenn befallenes Holz nicht entfernt wird, können sich die natürlichen Gegenspieler der Borkenkäfer vermehren. Sie sind so effektiv, dass sie das Massenauftreten der Käfer stark einschränken können. Auch für im Haus verbautes Holz stellen weder Totholz noch seine Bewohner eine Gefahr dar.

2

1. Ein über mehrere Jahre liegender Totholzhaufen, der langsam einwachsen darf, ist ein perfekter Lebensraum und Rückzugsort.

2. Darf ein Teil des Brennholzes unangetastet im Garten verbleiben, wird es zur Kinderstube für viele Käferarten. Diese sind in der Regel für das im Haus verbaute Holz unschädlich.

1

2

1. Ein kräftiger Stamm eines abgestorbenen Baumes, der einige Meter über dem Boden gestutzt wird, stellt noch viele Jahre lang kein Sicherheitsrisiko dar. Er kann mit Kletterpflanzen wie Ramblerrosen berankt und mit Nisthilfen versehen werden.

2. Neu angelegte, sonnig platzierte Totholzelemente werden meistens zeitnah von in der Nähe lebenden Waldeidechsen besiedelt.

DER WEG ZUM TOTHOLZHAUFEN

Am besten fangt ihr an, indem ihr den Rückschnitt von Sträuchern und Bäumen nicht mehr entsorgt oder verbrennt. Alles bleibt auf dem eigenen Grundstück. Dabei könnt ihr durchaus ein bisschen „aufräumen“, sprich Äste und Zweige einsammeln und als Haufen oder sogar in Form einer Benjeshecke (siehe S. 52/53) zusammentragen. Auch Beete lassen sich damit umranden und attraktiv in Szene setzen. Abgestorbene Bäume, die nicht unmittelbar eine Gefahr darstellen, sollten noch ein paar Jahre stehen bleiben. Zur Verschönerung können Efeu, Hopfen oder Ramblerrosen emporranken.

Beispiele für den Einsatz von Totholz im Garten:

— **Hackschnitzel:** Unbehandelte Hackschnitzel, am besten aus dem eigenen Garten, können als Wegbelag oder als Mulchbedeckung für Beete verwendet werden. Anlagen mit einer dicken Hackschnitzelschicht werden oft von Rosen- und Nashornkäferlarven bewohnt.

— **Zäune und Zaunpfeiler:** Aus Reisig und Ästen kann eine Benjeshecke errichtet werden, aus Ästen ein Staketenzaun oder sogar ein massiver Holzzaun.

— **Reisighaufen:** Der Hecken- bzw. Strauchschnitt kann als Reisighaufen aufgeschichtet werden.

— **Asthaufen:** Aus dem Baumrückschnitt werden stabile, langlebige und massive Totholzhaufen.

— **Baumstämme:** Ist ein Baum krank oder muss aus anderen Gründen gefällt werden, kann er als stehendes oder liegendes Totholz im Garten verbleiben.

TOTHOLZHAUFEN MIT IGELSCHLAFPLATZ

1. Den Unterschlupf an schattiger Stelle errichten, damit der Igel nicht zu früh aus dem Winterschlaf erwacht. Aus Steinen ein Fundament in Größe des vorhandenen Dachstücks auslegen. Es hat sich bewährt, den Igelunterschlupf in zwei Bereiche einzuteilen – einen Eingangs- und einen windgeschützten Schlafbereich. Größe des Schlafplatzes: mindestens 30 x 30 cm. Der Eingang sollte auf der Ostseite liegen.

2. Den Schlafteil mit Stroh befüllen und das Holzdach, beispielsweise eine kleine Palette, darauflegen, bei der auch die seitlichen Öffnungen mit Steinen verschlossen wurden. Das Dach mit Dachpappe abdecken, damit der Innenraum trocken bleibt. Dabei auf ein leichtes Gefälle achten, damit Regenwasser zügig abfließt.

3. Die Pappe mit Steinen oder Ziegeln beschweren. Sowohl das Dach als auch die Seiten des zukünftigen Igelschlafplatzes mit einer dicken Schicht Laub isolieren.

4. Das Dach mit Ästen und Zweigen aus dem Garten großzügig abdecken. Der Totholzhaufen kann im Herbst und Winter stetig mit neuen Ästen und Zweigen ergänzt werden.

Totholz als Gestaltungselement im Garten

Dank seiner Vielseitigkeit kann Totholz in Beeten mehrere Funktionen erfüllen als nützliches Baumaterial oder schönes Zierelement, zum Beispiel in Form von ...

SCHÖN UND NÜTZLICH

... vertikalem Totholz als Wohnung für Nützlinge

Manchmal müssen Bäume aus dem Garten weichen. Aber nicht immer müssen sie unmittelbar über dem Boden abgesägt oder gar samt Wurzel entfernt werden. Ein Stumpf, der noch einen Meter, besser sogar mehrere, über dem Boden herausragt, wird zu einem attraktiven, ökologisch wertvollen Strukturelement, auch im Beet. Zu seinen Bewohnern gehören Wildbienen, Schlupfwespen und Käfer.

... horizontalem Totholz für Insekten

Aus dicken Ästen, Stämmen und Wurzeln lassen sich urige Gartenbilder zaubern, die einem natürlichen Biotop sehr nahekommen. Dafür wird das Totholz im Beet direkt auf den Boden gelegt, teilweise kann es auch etwas eingegraben werden. Darunter sammeln sich in kürzester Zeit viele, kleine, wirbellose Tiere, die wiederum Vögeln, Reptilien, Amphibien und Kleinsäugern als Nahrung dienen.

... Raumteilern und Beetumrandungen

Kleinere Holzstücke und Äste können in der Beetgestaltung verwendet werden. Aus aufeinander gestapelten Holzscheiten oder zur Hälfte im Boden vergrabenen Aststücken wird im Nu eine lebende Beetumrandung, nicht nur in Blumen-, sondern auch in Nutzbeeten. Von hier aus kann das Heer an kleinen Gartenhelfern bei Tag und Nacht ausschwärmen und sich an die Arbeit machen.

... Rankhilfen und Klettergerüsten

Auf Länge gesägte Äste eignen sich optimal für die Gestaltung von Rankhilfen, die in Nutzbeeten oder als Stütze für kletternde Stauden aufgestellt werden können. Weil sie gänzlich unbehandelt sind, werden sie schnell von Insekten besiedelt. Je nach Holzart und -dicke wird eine solche Rankhilfe alle paar Jahre durch frische Äste erneuert.

NISTHILFEN UND UNTER-SCHLÜPFE BAUEN

NISTHILFEN ALLER ART SIND HILFREICH

Der Wendehals benötigt einen Nistkasten, während es für Schwalben gerne ein Kunstnest oder etwas Lehm sein darf (oder beides).

OPTIMALE NISTHILFEN ANBIETEN

So unterstützen wir Tiere mit Nisthilfen

Im Idealfall verfügt ein Garten über eine Vielzahl an natürlichen Nistgelegenheiten und Unterschlüpfen. Doch oft ist das nur eingeschränkt der Fall. Dann macht es Sinn, den Garten mit zusätzlichen Angeboten für Wildtiere zu optimieren.

Unsere Gärten sind äußerst vielfältig, aber in den seltensten Fällen sind sie so groß, strukturreich und alteingewachsen, dass sie diese Vielzahl an natürlichen Nistgelegenheiten und Unterschlüpfen bieten können.

WANN SIND NISTHILFEN SINNVOLL?

Uralte Bäume zum Beispiel, innen ausgehöhlt und mit Spechtlöchern durchsetzt, gibt es aus Sicherheitsgründen fast gar nicht. Wo solche Bäume fehlen, sind künstliche Nistkästen ein Segen. Insbesondere für Vogel- und Fledermausarten, die auf diese Höhlen angewiesen sind.

In neu angelegten, aber auch in überpflegten Gärten ist der Mangel an passenden Nistplätzen besonders groß. Hier finden nur wenige Bewohner geeignete Bedingungen vor. Häufig mangelt es zusätzlich an Nistmaterial. In sandigen Gegenden etwa fehlt es Schwalben oft an Lehm für den Nestbau, sodass künstliche Schwalbennester oder Schalen mit feuchtem Lehm gerne angenommen werden. Künstliche Nisthilfen können auch hervorragend mit natürlichen Elementen kombiniert und optimiert werden. Das wird oft bei Igelunterschlüpfen gemacht, indem ein wasserdichtes Igelhaus inmitten eines Holz- oder Laubhaufens positioniert wird (siehe S. 81).

Und nicht zuletzt kommt es vor, dass natürliche Unterschlüpfe durch Pflegeeinsätze beseitigt werden, zum Beispiel wenn Blumenwiesen gemäht und Staudenbeete abgeräumt werden. Dann gehen die hohlen und markhaltigen Stängel verloren, in denen sich Insekten verkriechen oder ihre Nester bauen. Alternativen können auch dann stets bereitgestellt werden.

Mit Nisthilfen und Unterschlüpfen könnt ihr gezielt Nützlinge wie Meisen, Wildbienen oder Florfliegen ansiedeln. Dafür hängt bzw. stellt ihr sie am besten schon in den Wintermonaten auf. Dann sind sie rechtzeitig da, wenn im Frühling die Zeit der Fortpflanzung beginnt.

Insekten helfen

In Gärten wird gemäht, geharkt, zurückgeschnitten, gesägt und aufgeräumt. Ganz unbemerkt werden dabei oft das Lebenswerk und die Kinderstuben seiner tierischen Bewohner zerstört, vor allem die der kleinen und unauffälligen Sechsbeiner.

Nicht alle, aber einige dieser Pflegeeinsätze sind nötig. Auch in diesem Buch werden Maßnahmen empfohlen, die einerseits zwar die Artenvielfalt fördern, aber andererseits einigen Insektenarten abrupt Lebensraum, Nahrungsgrundlage oder Nistgelegenheit entziehen. Ein Beispiel dafür ist die Mahd der Blumenwiese. Sie ist notwendig, um die Blumenwiese als blühendes Biotop zu erhalten. Gleichzeitig führt sie zu gravierenden Einschnitten in die Fortpflanzungszyklen mancher sechsbeinigen Bewohner. Zwar können wir mit einer gestaffelten Mahd die akuten Auswirkungen auf das Nahrungsangebot und den Lebensraum abmildern. In den Fortpflanzungserfolg einiger spezialisierter Insekten greift sie trotzdem ein. Ganz besonders, wenn dicke und verholzte Stängel noch vor dem Winter entfernt werden, die teilweise schon mit Brutzellen bestückt sind. Werden sie entsorgt oder kompostiert, gehen diese Nachkommen verloren. Auch ein Ablegen der Stängel auf einem Haufen reicht nicht, um sie zu retten. Der Kompromiss zwischen Pflegeeinsatz und Insektenschutz besteht darin, die Mahd zwar durchzuführen, die Lebenszeit geeigneter Stängel aber noch um zwei bis drei Jahre zu verlängern. Mit gezielten Maßnahmen, beispielweise einem Lehmangebot, können Insekten unterstützt werden, die unter akuter Lebensraumzerstörung leiden oder die wir als Nützlinge wertschätzen. Ein Beispiel sind manche Wildbienenarten, die in lehmigen Steilwänden brüten. Solche Steilwände haben sich früher oft durch Hochwasserereignisse gebildet. Heute sind ungestörte Lehmwände nur noch selten zu finden.
Fördern wir Käfer im Allgemeinen und Laufkäfer im Speziellen hat dies Auswirkungen auf die Schneckenpopulation im Garten. Denn mit ein Grund für die extreme Vermehrung von Nacktschnecken stellt auch der rapide Rückgang ihrer natürlichen Feinde dar. Zu diesen gehören unter anderem die Laufkäfer. Sie leben im und auf dem Erdboden und profitieren vom Vorhandensein guter und zahlreicher Verstecke. Laufkäfer sind fleißige Helfer bei der Regulierung der aus dem Ruder gelaufenen Nacktschnecken-Populationen.

Auf den folgenden Seiten werden geeignete Projekte zur Unterstützung dieser Tiere vorgestellt.

Insektenhilfe aus Stängeln

Der Sinn von sogenannten Insektenhotels wird von vielen Fachleuten bezweifelt, sind doch die im Handel erhältlichen Exemplare oft nur für wenige Allerweltsarten interessant. Hochwertige Hilfen könnt ihr auch mit einfachen Mitteln selbst herstellen.

RÜCKSCHNITT SINNVOLL VERWENDEN

Töpfe mit markhaltigen Stängeln

Die Stängel können ruhig 1 m lang sein. Alternativ befestigt ihr kürzere Stängelstücke an einfachen Stöcken und verlängert sie dadurch. Markhaltige Stängel sollten einzeln und aufrecht bzw. schräg stehen. Sie dürfen in Höhe der Brutzellen keinen Kontakt zum Boden oder anderen feuchten Substraten oder Pflanzen haben. Nur ein Stängel pro Topf und diesen möglichst mehrere Jahre stehen lassen. Gut geeignet sind Brombeerranken.

Gebündelte, hohle Stängel

Sie dienen als Nisthilfen für Wildbienen, werden aber auch als Unterschlüpfe von anderen Insekten genutzt. Die Stängelstücke sollten mindestens 10 cm lang sein, besser länger. Dabei sollten die verdickten Knoten der Sprossachsen am hinteren (schattigen) Ende liegen, wo sie die Röhren abdichten. Alternativ die Röhren in eine Dose stecken.

Stängelzaun

Eine Alternative zu Stängeltöpfen stellen Stängelzäune dar. Dabei werden markhaltige Stängel in großzügigen Abständen an Zaunelementen festgebunden oder das Zaunelement selbst besteht aus solchen Stängeln.

LEHM FÜR WILDBIENEN

1. Für dieses Projekt wird ein steinfreier, magerer Lehm benötigt, der im getrockneten Zustand eine kratzfähige Konsistenz aufweist und keinesfalls hart wie Beton wird. Ein mindestens 10 cm tiefes Gefäß wird mit diesem Lehm oder einem Gemisch aus Lehm und feinem Sand gefüllt. Dafür wird das Material angefeuchtet und fest in das Gefäß gedrückt bzw. gestampft.

2. Mit einem spitzen Gegenstand mehrere 2 bis 3 cm tiefe Löcher in ausreichendem Abstand zueinander (mind. 7 bis 8 cm) in den Lehm stechen. Tiefer brauchen die Löcher nicht zu sein, denn sie dienen den Wildbienen lediglich dazu, die Nisthilfe schneller als solche zu erkennen und zu besiedeln. Den Rest der Brutröhre legen sie mit eigener Kraft frei.

3. Nun muss der Lehm trocknen. Abhängig vom Wetter und der Dicke der Lehmschicht kann dieser Vorgang mehrere Wochen, teilweise Monate dauern. Trotzdem sollte die Trocknung nicht beschleunigt werden, da sich sonst leicht tiefe Risse bilden, welche die Funktionsfähigkeit der Nisthilfe beeinträchtigen können. Das Gefäß wird am besten für mindestens vier Wochen an einem schattigen und trockenen Platz gelagert. Anschließend wird der Lehmkasten für die Besiedlung an einem sonnigen, höchstens leicht halbschattigen Ort aufgestellt oder aufgehängt.

LAUFKÄFERKELLER

1. An (halb)schattiger Stelle ein Loch ausheben, welches eine Größe von mindestens 80 x 80 x 50 cm (H x B x T) und optional ein unterschiedlich hohes Bodenniveau aufweist.

2. Eine Schicht Laub und Reisig einfüllen. Beides dient als sofort verfügbares Futter für die Beutetiere der Laufkäfer. Denn Asseln, Würmer, Nacktschnecken und Co. können jetzt direkt einziehen und mit ihrer Arbeit und Fortpflanzung beginnen. Das wiederum zieht in kürzester Zeit auch verschiedene Laufkäferarten an.

3. Das Loch mit Holzstücken unterschiedlicher Größe befüllen. Hierfür eignen sich sowohl Weichholz- als auch Hartholzarten. Ideal ist eine Mischung beider Typen, damit sich die Zersetzung über einen möglichst langen Zeitraum gleichmäßig hinzieht. Dadurch bleibt der Laufkäferkeller umso länger bewohnbar und muss nicht zeitnah neu angelegt werden.

4. Das fertige Bauwerk darf gerne deutlich über das Bodenniveau herausragen. Ein wenig Geduld ist nun trotzdem nötig, denn jetzt müssen sich die Laufkäfer erst mal vermehren. Es dauert aufgrund des recht langen Larvenstadiums einige Zeit, bis sich merklich mehr Laufkäfer im Garten tummeln.

Gartenvögeln helfen

Unsere Gartenvögel profitieren in erster Linie von einem naturnahen Garten voller Insekten, Früchte und Totholz. Doch damit der Lebensraum rundherum bewohnbar wird, fehlen einigen Arten noch die richtigen und vor allem sicheren Nisthilfen.

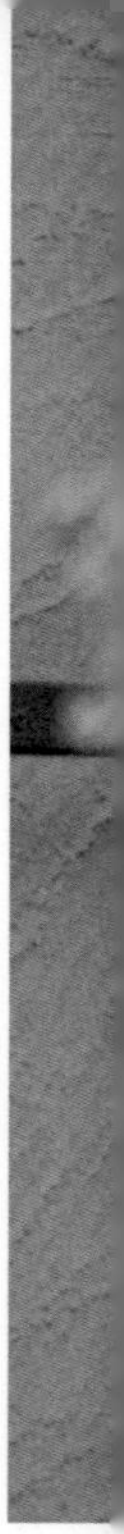

Je nachdem, was die einzelnen Vogelarten für den Bau oder die Auswahl ihres Nestes benötigen, können Nistgelegenheiten und Nistmaterial selbst in naturnahen Gärten Mangelware sein.

NISTKÄSTEN

Das Aufhängen von Nistkästen, am besten maßgeschneidert für verschiedene Vogelarten, ist für viele Höhlen- und Halbhöhlenbrüter eine hilfreiche Unterstützung. Vorausgesetzt, sie sind so gestaltet, dass sie für ihre Bewohner nicht zur Todesfalle werden. Katzen und andere Nesträuber gelangen oftmals allzu leicht an die Nistkästen, wodurch ganze Bruten verloren gehen können. Waren Waschbären erst mal an einer Stelle erfolgreich, kontrollieren sie diese immer wieder, sodass auch Folgebruten kaum eine Chance haben.
Solche Verluste lassen sich verringern, wenn Nistkästen an glatten Hauswänden oder anderen schwer erklimmbaren Orten aufgehängt werden. Ist das nicht machbar, erschweren Spitzdächer und nach vorne versetzte Einfluglöcher es den Räubern, an das Innere zu gelangen oder direkt am Eingang auf die Vogeleltern oder unerfahrene Jungvögel zu lauern (siehe S. 94).

Schwalbennester

Für Rauch- und Mehlschwalben gestalten sich Nistplatzsuche und Nestbau als doppelt schwierig. Sie gelten zwar als Glücksbringer, aber aus Angst vor Schmutz möchte kaum jemand ein Schwalbennest an der eigenen Fassade, im Schuppen oder im Carport dulden. Haben sie dann doch einen Platz gefunden, an dem sie nicht vergrämt werden, fehlt es oft an Nistmaterial. Denn beide Schwalbenarten sind für ihren Nestbau auf feuchte, lehmhaltige Erde, vorzugsweise aus Pfützen, angewiesen. Vermengt mit ihrem Speichel bauen sie daraus solide und langlebige Nester. Doch Lehmpfützen sind in unseren Ortschaften selten geworden.

Ein Nistkasten sollte raubtiersicher gebaut und angebracht werden. Idealerweise zeigt sein Einflugloch Richtung Osten und wird während der Mittagszeit beschattet.

Wo sie diese nicht finden, weichen die Schwalben auf ungeeignetes Material aus, das sich nicht stabil verarbeiten lässt. Die Folge sind brüchige Nester, die mitsamt den Küken abstürzen.

PFLEGE DER NISTHILFEN

Aufgrund eines Parasitenbefalls werden Nisthilfen mitunter nach einer Saison unbewohnbar. Stehen genug Alternativen zur Verfügung, wechseln die Vögel an einen neuen, unbelasteten Brutplatz. Fehlen diese, verwenden sie wieder das alte Nest, in dessen Nistmaterial der vorherigen Saison schon unzählige, hungrige Blutsauger warten. Das Leid für die Vogelküken kann so unerträglich werden, dass sie sich aus dem Nest in den Tod stürzen. Deshalb sollten Nistkästen jedes Jahr, am besten im September, gründlich vom alten Nistmaterial gereinigt werden. Dabei dürfen jedoch keine scharfen Reinigungsmittel zum Einsatz kommen, ein gründliches Ausbürsten reicht.

Ein staubiges Sandbad wirkt Wunder gegen Gefieder-Parasiten. Habt ihr Platz im Garten? Dann richtet den Gartenvögeln eine trockene Ecke mit staubigem Sand ein.

KATZEN- UND WASCHBÄRSICHERER NISTKASTEN

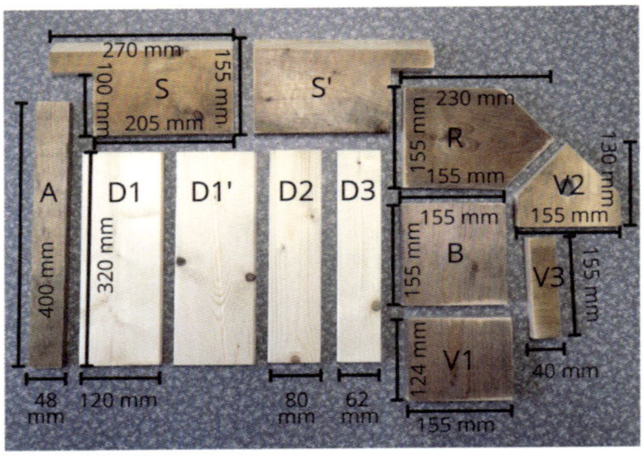

1. Das Holz für diese Anleitung (außer für das Dach) hat eine Breite von 155 mm und eine Dicke von 24 mm. Bei abweichender Breite und Dicke bitte die Maße umrechnen und anpassen. Holzreste oder neue Bretter nach den Maßen zuschneiden. Die Seitenteile S und S' im 45-Grad-Winkel an der langen Seite spiegelverkehrt anschrägen. In das Vorderteil 2 (V2) ein Loch mit dem Forstnerbohrer (Astlochbohrer) bohren. Der Durchmesser des Lochs ist abhängig von der Vogelart, für die dieser Nistkasten bestimmt ist (hier 28 mm für die Blaumeise).

2. Die Teile S, S', B, V1, V2, V3 und R wie auf dem Bild miteinander verschrauben. Dabei den Boden B nicht bündig mit der Unterkante der Seitenteile befestigen, sondern ca. 5 mm höher. Dadurch kann Regenwasser abtropfen, ohne dabei in die Ritzen zwischen den Brettern zu kriechen und den Innenraum auf diese Weise von unten zu befeuchten.

3. Das Vorderteil V1 nur im oberen Bereich mit jeweils einer Schrauben links und rechts locker verschrauben. Dadurch kann V1 aufgeklappt und als Reinigungsklappe verwendet werden. Damit sie sich nicht von allein öffnet, mit einer drehbaren Winkelschraube verschließen.

4. Die Dachteile D1 und D2 auf der einen Dachseite, D1 und D3 auf der anderen Dachseite anbringen. Die Aufhängung A mittig an der Rückseite befestigen. Optional: Für eine längere Haltbarkeit entweder Lärchenholz verwenden oder mit biozidfreiem Holzöl und Dachpappe vor Verwitterung schützen. Das Brett für die Aufhängung an der Rückseite befestigen und das fertige Vogelhaus mit dem Einflugloch nach Osten aufhängen.

LEHMSCHALE FÜR SCHWALBEN

1. Benötigt wird eine Schale mit flachem Rand und mindestens 30 cm Durchmesser, gerne auch größer. Am einfachsten nehmt ihr einen Ton- oder Plastikuntersetzer für Blumenkübel.

2. Für den Nestbau eignet sich mittelfetter bis fetter Lehm, der nach der Aushärtung fest bleibt. Magerer Lehm, der nach der Trocknung leicht zerfällt, ist weniger geeignet. In sandigen Gegenden kann man Lehm auf dem eigenen Grundstück finden, wo er sich in tieferen Bodenschichten versteckt.

3. Der Lehm muss permanent feucht gehalten werden, weil er nur so für die Schwalben verwendbar ist. Während trockener Witterungsphasen bedeutet das: täglich Wasser nachfüllen.

4. Die Lehmschale sollte an einem sehr übersichtlichen Ort aufgestellt werden, am besten mitten auf einer großen Rasenfläche, einem Platz oder einem flachen Dach. So haben die Schwalben einen guten Überblick und können nicht aus einem Versteck heraus von Katzen attackiert werden.

Unterstützung für Igel

Den Igel zieht es zwar in die Gärten, leicht hat er es dort aber nicht. Das liegt jedoch nicht daran, dass ihn niemand haben will, denn Igel sind beliebt. Vielmehr sind es das Unwissen über seine Lebensweise und die Anforderungen an seinen Lebensraum.

Weil Igel schlecht klettern können, sollten Zäune bodennah durchlässig sein.

Ein großer Totholzhaufen, eine Laubecke, eine Blumenwiese und dazu noch ein offener Komposthaufen, so würde sich der Igel einen Garten wünschen. Hier fände er genug Nahrung und einen Unterschlupf, in dem er sich ungestört ausruhen und den Winter verschlafen kann. Für ihn kann es jedoch eine Herausforderung sein, einen Weg durch alle Hindernisse und Barrieren zu, finden, die sich zwischen ihm und solch einem igelfreundlichen Garten auftun. Oft scheitert er schon an engmaschigen Zäunen, die zwischen den Gärten verlaufen. Es gibt viele Gründe, die für ein sicheres Einzäunen des eigenen Grundstücks sprechen. Sei es, um das Grundstück kinder- oder haustiersicher zu gestalten oder ungebetene Gäste abzuhalten. Leider werden auf diese Weise auch Wildtiere wie der Igel ausgesperrt. Er kann mit seinen Beinchen weder über Zäune klettern noch sich unten durchgraben. Wenn ihm die umgebende Landschaft kein Auskommen mehr sichert, ist er auf der Suche nach geeigneten Lebensräumen auf gut strukturierte Gärten angewiesen. Es wäre zu schade, wenn seine Suche nach einem perfekten Plätzchen an einem Gartenzaun scheitert.

Aber gerade für Haustierhalter wird es zum Problem, wenn der aus- und einbruchsichere Zaun wieder durchlässig gemacht werden soll. Denn wie stellt man es an, dass der Igel zwar in den Garten hinein, das Haustier aber nicht hinauskann? Und wie bleiben ungebetene Wildtiere oder Nachbars Hund draußen?

Eine Lösung für dieses Problem bietet ein speziell entwickelter Igeltunnel, der es dem Igel ermöglicht, einen Zaun zu passieren, Hunden, Füchsen und Katzen aber nicht. Als Vorlage für die hier vorgestellte Bauanleitung dient der originale Igeltunnel von NimS (www.natur-im-siedlungsraum.ch).

EIN IGELTUNNEL FÜR DEN ZAUN

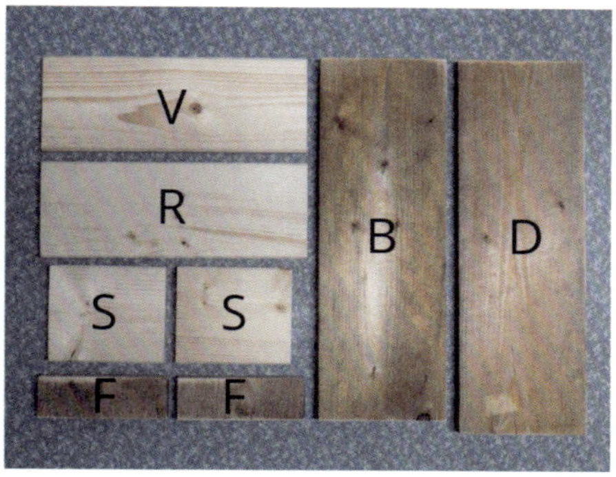

1. Holzreste oder neue Bretter zuschneiden: Dach (D): 450 x 160 mm, Boden (B): 440 x 150 mm, Seitenwände (S): 130 x 115 mm, Vorderwand (V): 310 x 115 mm, Rückwand (R): 310 x 115 mm, Füße (F): 150 x 40 mm,

2. Boden (B), Seitenwände (S), Vorder- (V) und Rückwand (R) wie abgebildet miteinander verschrauben. So entsteht auf der einen Seite des Igeltunnels ein Eingang, auf der anderen ein Ausgang.

3. Dach (D) und Füße (F) anschrauben. Optional: Wird der Igeltunnel direkt auf dem Gartenboden und in dichterer Vegetation aufgestellt, verrottet das Holz durch die Feuchtigkeit nach einiger Zeit. Die Verwendung von Lärchenholz oder ein Anstrich mit biozidfreiem Holzöl verlängert die Lebensdauer. Das Dach kann zusätzlich mit einer Dachpappe versehen werden.

4. Eine kleine Öffnung in den Gartenzaun schneiden, die der Tiefe des Igeltunnels entspricht. Den Tunnel bis zur Mitte hineinschieben. Mithilfe von Igelfutter (z. B. Katzenfutter) können Igel schneller an den neuen Durchlass im Zaun gewöhnt werden.

Hilfen für Reptilien

Trocken, warm und reich an Verstecken – das sind die Bereiche im Garten, an denen sich die meisten unserer einheimischen Reptilien aufhalten. Je mehr solcher Plätze vorhanden sind, umso höher die Wahrscheinlichkeit, dass die Tiere sich dauerhaft ansiedeln.

EIDECHSEN

Waldeidechsen bevorzugen Versteckmöglichkeiten in Form von Holzhaufen und Benjeshecken, Trockenmauern, Steinhaufen, Blumenwiesen und Hecken. Zauneidechsen benötigen zusätzlich einen lückig bewachsenen Eiablageplatz. Besonders gerne werden nach Süden ausgerichtete Sandhaufen und gut besonnte und grabfähige Sandflächen angenommen. Blindschleichen hingegen können aufgrund ihrer Vielseitigkeit sowohl in sonnigen als auch in halbschattigen und schattigen Gärten vorkommen. Für sie darf es gerne viel von allem sein: viel Laub, Totholz, Kompost, viele Sträucher und sogar ein paar Bäume.
Keine dieser Reptilienarten fühlt sich hingegen auf einem Zierrasen wohl. Deshalb sollten alle erwähnten Strukturelemente abseits von Rasenflächen und stattdessen in Wildblumenwiesen oder Wildstaudenbeeten angelegt werden.

SCHLANGEN

Unter den Schlangen spielt vor allem die Ringelnatter als Gartenbewohnerin eine Rolle. Alle anderen heimischen Schlangenarten wie Kreuzotter, Schlingnatter, Äskulapnatter, Würfelnatter und Aspisviper sind entweder auf spezielle Lebensräume angewiesen, zu selten oder einfach menschenscheu. Die Ringelnatter aber ist häufiger in Gärten anzutreffen als gedacht. Denn ihre immer kleiner werdenden Lebensräume zwingen auch sie dazu, sich auf die Suche nach neuen Biotopen zu machen. Dabei kommt die harmlose Natter oft in Gärten vorbei, in denen es ergiebige Froschpopulationen und Fischteiche gibt. Manchmal sucht sie aber auch einen Platz für die

Eiablage. Weil sie ihre Eier durch Verrottungswärme ausbrüten lässt, könnte sie in einem Komposthaufen fündig werden. Aber dieser wird oft in unzugängliche Behälter verbannt, in denen er für ein großes und prall mit Eiern gefülltes Weibchen unerreichbar ist. Auch nicht jeder offene Kompost erfüllt die Ansprüche dieser Schlangenart: Ein an Essenresten, Gerbstoffen und ätherischen Ölen reicher Kompost ist ebenfalls ungeeignet.
Wie ihr einen richtigen Ringelnattern-Bruthaufen anlegt, zeigt die Anleitung auf der nächsten Seite. Der ideale Standort dafür ist sonnig bis halbschattig und von allen Seiten mindestens von kniehoher Vegetation umgeben, durch die die Schlangen sicher bis zum Haufen kriechen können. Ein höherer Krautsaum und Büsche auf der Nordseite eignen sich ebenfalls.

2

1. Eidechsen können sich zwar an die Anwesenheit von Menschen gewöhnen, am Anfang sollten sie jedoch ein ruhiges Plätzchen haben, an dem sie sich ungestört sonnen können.

2. Ringelnattern bei der Paarung. Diese findet überwiegend im Mai statt, während die Eier zwischen Ende Juni und Anfang August abgelegt werden.

RINGELNATTER-BRUTHAUFEN

1. Zuunterst kommt eine Schicht aus dicken Ästen. Durch die entstehenden Hohlräume gelangen die Ringelnattern später bis ins Innere des Haufens.

2. Die nächste Schicht über den Ästen besteht aus Holzhäckseln, die idealerweise aus dem eigenen Garten stammen. Falls nicht genug eigenes Material da ist, müssen die Häcksel trotzdem unbehandelt und aus Laubholz sein. Nadelholz enthält ätherische Öle und wird von den Schlangen gemieden.

3. Über die Holzhäcksel kommt nun eine Schicht Rasen- oder Wiesenschnitt. In diesem Beispiel handelt es sich um relativ trockenen Rasenschnitt. Ist das Material nicht mehr feucht genug, kann es mit Wasser befeuchtet werden.

4. Nun wiederholt sich die Schichtung und setzt wieder bei Schritt 1 ein. Statt dicker Äste können dieses Mal auch etwas dünnere verwendet werden. Die Äste sollten nicht nur oben auf den Haufen gelegt werden, sondern dürfen an den Seiten gerne ein ganzes Stück überhängen und bis auf den Boden reichen. So entstehen gut erreichbare Eintrittspforten für die Schlangen.

5. Die Reihenfolge muss nicht zwingend die gleiche bleiben. Dieses Mal kommt der Rasenschnitt vor den Holzhäckseln. Er ist teilweise schon ankompostiert, was kein Problem darstellt. Im Gegenteil: Ein oder zwei Schichten reifen Kompost können zusätzlich eingebaut werden.

6. Eine neue Ladung Holzhäcksel. Alternativ dazu kann auch Laub verwendet werden. Allerdings ist nicht jede Laubart geeignet. Insbesondere das von Eiche, Walnuss, Kirschlorbeer oder Rhododendron kompostiert nur schlecht und sollte nicht beigemischt werden. Stallmist von Pferden oder Kühen stellt ebenfalls eine passende Alternative dar.

7. Mit einer Abdeckung aus Wiesenschnitt ist dieser Schlangen-Bruthaufen vorerst fertig. Er kann im folgenden Winter um weiteres Material ergänzt werden. In seinem Inneren setzt nun der Verrottungsprozess ein, bei dem zu Beginn eine hohe Temperatur entsteht, die zu warm für die Eier der Ringelnatter ist. Je nach verwendetem Material kann es einige Zeit dauern, bis die richtige Temperatur erreicht ist und der Haufen angenommen wird. Um eine Austrocknung zu verhindern, sollte er bei anhaltender Dürre hin und wieder gegossen werden.

GARTEN-FALLEN UND GEFAHREN

GLÜCK GEHABT!

Kurz vor dem Mähen sitzt diese Erdkröte unter einem Grasbüschel im Rasen. Ohne vorheriges Absuchen wäre sie dem Rasenmäher zum Opfer gefallen.

HECKEN SIND OFT NISTPLÄTZE

Gartenpflege – Fluch oder Segen?

Für die vollständige Umwandlung in einen tierfreundlichen Garten fehlt nur noch ein Schritt – die Beseitigung häufiger Gefahrenquellen. Diese lauern an vielen Stellen: bei der Gartenarbeit, an Teichen, in Regentonnen und selbst in Gießkannen.

Gelegentliche Pflegeeinsätze sind natürlich auch in einem tierfreundlichen Garten erlaubt. Sei es das Mähen des Blumenrasens und der Wildblumenwiese oder das Heckeschneiden. Manchmal muss es eben sein, auch wenn jeder Schnitt einen Eingriff in ein Biotop und dessen Tierwelt bedeutet. Problematisch wird es erst, wenn der Garten permanent „gepflegt" wird und immer mehr elektrisierte und automatisierte Technik zum Einsatz kommt.

RASENPFLEGE

Das häufige Mähen, ob nun mit Rasenmäher oder Mähroboter, hinterlässt eine ausgestorbene Ödnis. Die Opfer sind für gewöhnlich klein und unauffällig, aber manchmal erwischt es auch gut sichtbare Tiere wie Igel, Frösche und Kröten. Nachts laufende Mähroboter verursachen ganz besonders hohe Todeszahlen, denn viele Gartentiere sind nachtaktiv. Seltener zu mähen schont also die Tierwelt. Das bedeutet aber im Umkehrschluss nicht, dass einem der Rasen über den Kopf sprießen muss. Ein Verzicht auf Dünger verringert das Graswachstum deutlich, sodass die Mähintervalle automatisch länger werden. Als positiver Nebeneffekt breiten sich Blumen und Kräuter und damit einhergehend Insekten und andere Kleintiere aus.

TOTHOLZ UND LAUB VERBRENNEN

Das Verbrennen von Gartenabfällen, insbesondere Totholz und Laub, ist bei uns verboten. Aus Sicht der Tiere ist das sehr zu begrüßen, sind es doch extrem beliebte Lebensräume. Idealerweise bleiben sie ungestört über einen langen Zeitraum liegen. Leider wird aber immer noch viel Totholz in Feuerschalen, bei privaten Lagerfeuern und an Ostern verbrannt. Das sollte

Nützliche Schnecken

Tigerschnegel sind keine Schädlinge. Sie fressen Gelege und Jungtiere von Spanischen Wegschnecken und helfen dabei, ein gesundes, ökologisches Gleichgewicht im Garten herzustellen. Sie halten sich gerne unter Totholz und in Steinhaufen auf. Der Einsatz von Schneckenkorn tötet jedoch auch Tigerschnegel.

möglichst vermieden werden. Aber wenn es doch mal sein muss, sollten Holz- und Laubhaufen niemals angezündet werden, ohne sie vorher komplett umzuschichten und auf Bewohner abzusuchen. Das gilt auch für die Wintermonate. In ihnen verbergen sich neben Unmengen an Insekten auch Igel, Reptilien und Amphibien. Sie alle werden sonst verbrannt.

HECKEN SCHNEIDEN

Hecken dürfen zwar auch während der Brutsaison geschnitten werden, allerdings nicht, ohne sie vorher auf Vogelnester abzusuchen. Diese könnten sonst mit der Heckenschere zerstört und die Vogelküken verletzt werden. Es gibt auch Vogeleltern, die äußerst empfindlich sind und ihren Brutplatz durch solche Störungen komplett aufgeben. Deshalb bitte Hecken während der Brutzeit nur dort schneiden, wo es unbedingt nötig ist. An Straßen und Gehwegen etwa, damit diese gut einsehbar bleiben und nicht zuwachsen. Für naturnahe Hecken, die rein als Grundstücksgrenze dienen, reicht ein sanfter Rückschnitt im Herbst.

EINSATZ VON PFLANZENSCHUTZMITTELN

Der großflächige Einsatz von Pestiziden ist eine der Hauptursachen für den Artenschwund. Insektizide töten nicht nur den unerwünschten Schädling, sondern immer auch eine ganze Reihe weiterer Insektenarten. Zu allem Übel fressen Igel, Spitzmäuse und Vögel häufig die herumliegenden, toten Insekten und werden auf diese Weise ebenfalls vergiftet. Werden chemisch-synthetische Pflanzenschutzmittel im Garten eingesetzt, verhindern sie die Bildung eines öko-

Heckeschneiden trotz Vogelnest? Lieber ein paar Tage bis zum Ausflug der Jungvögel warten.

DOS

– Nicht öfter mähen als nötig
– Wiese vor dem Mähen nach Igeln, Amphibien und anderen Tieren absuchen
– Natürliche Dünger wie Kompost und Pflanzenjauche verwenden
– Pflanzenbrühen als natürliche Schutz- und Stärkungsmittel einsetzen
– Regentonnen abdecken
– Gießkannen nur ungefüllt, liegend oder drinnen lagern
– Ausstiegshilfen aus Wasserbehältern mit steilen Wänden anbieten

DON'TS

– Mähroboter und zu häufiges Mähen mit dem Rasenmäher
– Motorsense, Laubsauger und -bläser
– Künstliche Düngemittel wie Blaukorn
– Insektizide, Herbizide, Fungizide
– Teichtechnik oder zumindest auf sichere Vorfilter achten
– Wassergefüllte Behälter herumstehen lassen (Todesfalle, Übertragung von Krankheiten)

logischen Gleichgewichts. Dadurch treten immer wieder neue Probleme auf, die dann auch wieder mit Pestiziden behandelt werden. Ein Teufelskreis mit verheerenden Folgen. Dabei ist die Anwendung in durchschnittlichen Hausgärten völlig überflüssig. Mit der Wahl robuster und naturnaher Pflanzenarten und -sorten treten viele Probleme gar nicht erst auf. Blattläuse richten in tierfreundlichen Gärten kaum Schäden an, weil ihre Fressfeinde ihnen ständig auf der Spur sind. Und störenden Beikräutern kann man auch mit etwas mehr Gelassenheit und notfalls mit tierfreundlichen Maßnahmen begegnen.

Alternativen zu Pestiziden:
– Unkrautvernichtungsmittel (Herbizide) → Abflammen, heißes Wasser
– Anti-Pilzmittel (Fungizide) → verdünnte Milch, Pflanzenbrühe aus Ackerschachtelhalm, Urgesteinsmehl
– Insektenvernichtungsmittel (Insektizide) → Totholz und sämtliche Maßnahmen zur Unterstützung von Vögeln
– Schneckenbekämpfungsmittel (Molluskizide) → Totholz und sämtliche Maßnahmen zur Unterstützung von Käfern und Vögeln; Bewässerung und Düngung einstellen

Pflanzenschutzmittel selbst herstellen

Milch gegen Echten Mehltau: Mischt frische Milch (am besten Rohmilch) mit Wasser im Verhältnis 1:8 und besprüht betroffene Pflanzen damit zweimal wöchentlich.
Pflanzenstärkungsmittel aus Ackerschachtelhalm: Etwa 500 g frisches oder 100 g getrocknetes Kraut 24 Stunden lang in 5 Liter Wasser einweichen, anschließend eine halbe Stunde köcheln. Den Sud durch ein Sieb gießen und noch heiß in Weckgläser füllen, verschließen. So hält er sich mehrere Monate. Für die Anwendung mischt ihr 1 Teil Sud mit 5 Teilen Wasser und befüllt damit eine Sprühflasche. Von Frühling bis Sommer einmal wöchentlich auf anfällige Pflanzen aufsprühen! Stärkt Pflanzen gegen Pilzbefall (z. B. Mehltau, Sternrußtau, Braunfäule, Schorf, Kräuselkrankheit, Monilia).

Gefahren rund ums Haus

Bei genauerem Hinsehen ist es fast erschreckend, wie viele potenzielle Gefahren sich rund ums Haus verbergen. Diese reichen von Schächten und Gullys über Schornsteine bis hin zur Beleuchtung. Zu den bekanntesten gehören aber zweifellos die Fenster.

Sackgasse Kellerschacht

In feuchten, schattigen Kellerschächten können Kröten zwar eine Weile überleben, jedoch meistens nur einzeln. Fallen mehrere Tiere hinein, reicht das Futter nicht aus und die größeren Kröten fressen die kleineren schließlich auf.

SCHEIBEN UND SCHÄCHTE

Fast jeder kennt diesen dumpfen Knall, den ein Vogel erzeugt, wenn er gegen eine Glasscheibe fliegt. Diese Opfer lassen sich vermeiden, wenn an den stark spiegelnden Fenstern Markierungen aus unauffälligen Streifen im Abstand von ein paar Zentimetern von außen auf die Scheibe geklebt werden. Auch farblose UV-Marker sollen im Gegensatz zu einzelnen Greifvogelsilhouetten hilfreich sein. Auch wenn die Zahl der auf diese Weise landesweit verunglückten Vögel auf rund 100 Millionen pro Jahr geschätzt wird, sind Fenster dennoch nicht die schlimmsten Todesfallen für Tiere, eben nur die auffälligsten. Weitaus tödlicher, dafür aber diskreter, sind Schächte, Abläufe und Gullys aller Art. Sie sind wie Schwarze Löcher für Amphibien und andere Kleintiere. Wer dort hineinfällt, kommt nicht wieder hinaus. Leider verschlingen diese Löcher ausschließlich Tiere, die in ihrer Not stumm bleiben und nicht auf sich aufmerksam machen. Sonst würden wir diese Gefahrenquellen wohl sicherer gestalten. Das ist bei Licht- und Ablaufschächten problemlos machbar. Über der grobmaschigen Abdeckung wird eine feinmaschige Gaze aus Metall oder Fiberglas lückenlos verlegt. Im Handel gibt es auch fertige, tiersichere Lösungen. Unzählige Baby-Amphibien und Insekten bleiben dadurch am Leben. Als Alternative bieten sich Ausstiegshilfen an. Diese kommen auch bei Kellertreppen zum Einsatz, deren Stufen und hohe Mauern eine unüberwindbare Hürde für Amphibien und Igel darstellen.

Nicht selten werden auch Schornsteine und Kaminrohre zu tödlichen Fallen. Vor allem für junge, unerfahrene Singvögel, die bei ihren neugierigen Erkundungstouren hineinfallen und wegen der steilen, glatten Wände nicht mehr herauskommen. Abdeckgitter auf den Öffnungen verhindern dieses Problem.

Jede Art von steilwandigem Behältnis sollte mit einer Ausstiegshilfe für Igel, Amphibien und Co. versehen werden.

WASSERSTELLEN

Zu den häufigen Gefahrenquellen im Garten gehören auch alle Arten von Wasserstellen, aus denen sich hineingefallene Tiere nicht aus eigener Kraft befreien können. Ganz besonders die steilen, glatten Kanten von Gartenteichen (auch von Miniteichen) können von Igeln, Vögeln und Kleintieren nicht oder nur schwer überwunden werden. Dasselbe gilt für offene Regentonnen und herumstehende, halb gefüllte Gießkannen. Diese Gefahren lassen sich leicht vermeiden, indem Teiche mit Ausstiegshilfen in Form von Brettern versehen, Regentonnen mit Deckeln verschlossen und Gießkannen nur ungefüllt, liegend oder am besten drinnen gelagert werden.

GARTENBELEUCHTUNG

Wir Menschen fühlen uns wohl, wenn Haus und Garten heimelig beleuchtet sind, für Insekten und insbesondere für nachtaktive Schmetterlinge werden diese eigentlich harmlosen Lichter jedoch zu einem Risiko. Die Falter werden davon so sehr irritiert, dass sie die Lampen bis zur Erschöpfung umkreisen. Anstelle der üblichen Weißlicht-Lampen können spezielle Gelblicht-Lampen eingesetzt werden, um Insektenansammlungen unter Lichtquellen zu vermeiden.

Gute Lösung

Das grobe Gitter des Lichtschachtes wurde zusätzlich mit einer Metallgaze gesichert, damit keine Amphibien mehr hineinfallen können.

1

Haustiere und Wildtiere – keine Freunde

Wenn sich Haustiere und Wildtiere im Garten begegnen, dann kommt es nicht selten zu Konflikten. Manchmal gehen sie glimpflich aus, aber oftmals leider nicht. Meistens sind es die Wildtiere, die dabei den Kürzeren ziehen.

STUBENTIGER

Die bekannteste tierische Räuber-Beute-Beziehung zwischen Haus- und Wildtier ist die zwischen Katze und Vogel. Jeder Halter einer Freigängerkatze kennt diese Zwickmühle. Man möchte seinem Haustier gerne ein schönes Leben bieten, und da gehört regelmäßiger Freigang dazu. Wenn da nicht die vielen Vögel wären, die die Katze mit nach Hause bringt.
Doch nicht nur auf Vögel, auch auf Reptilien- und Amphibienpopulationen üben Katzen einen großen Druck aus. Unter ungünstigen Bedingungen löschen sie diese sogar komplett aus.

1. Wenn sie können, sind Hühner eifrige Selbstversorger und fressen fast alles, was sie überwältigen können. Zum Nachteil der vielen kleinen Gartenbewohner.

2. Das nach vorne versetzte Einflugloch ist gut, aber das flache Dach macht es den geduldigen Katzen dennoch leicht bei der Vogeljagd.

Lieber nicht: Glöckchen-Halsbänder helfen nur bedingt und werden für ihre Träger mitunter sogar zur Gefahr.

Auch wenn sich Opfer nie ganz vermeiden lassen, kann man mit verschiedenen Maßnahmen den Einfluss von Hauskatzen auf Vögel, Amphibien und Reptilien dennoch verringern. Dazu gehören:

– Zeitlich eingeschränkter Freigang. Insbesondere in der Brutzeit sollten Katzen nicht tagsüber in den Garten.
– Räumlich eingeschränkter Freigang. Katzen können mit speziellen Zäunen, die einen Überkletterungsschutz enthalten, aus sensiblen Bereichen ausgezäunt werden.
– Katzensichere Nistkästen und Abwehrgürtel um Baumstämme.
– Dorniges Gebüsch. Dieses wird bei der Jagd von Katzen gemieden.
– Viele Verstecke für Wildtiere. Je mehr Verstecke wie Totholz- und Steinhaufen, umso höher die Überlebenschancen der Beutetiere.
– Biotope in jeglicher Hinsicht optimieren, damit Wildtiere sich in hohen Raten vermehren können: Verstecke, einheimische Pflanzen in Blumenwiesen, Beeten und Hecken, fischfreie Teiche, Nistgelegenheiten.
– Verstecke zusätzlich mit Dornenranken, zum Beispiel von Brombeeren, abdecken.
– Kastration: Den größten Druck auf Wildtierpopulationen üben verwilderte Katzen aus, die sich selbst versorgen müssen. Um das Leid der Wildtiere wie auch der Katzen zu verringern, plädieren Tierschützer deshalb schon lange für die konsequente Kastration von Katzen und Katern.

HÜHNER

Die oben genannten Maßnahmen gelten überwiegend auch für den nächsten großen Fressfeind der Wildtiere im Garten. Und das ist nicht etwa der Hund, sondern das Huhn. Wenn man allein nach der Anzahl der verspeisten Tiere geht, dann sind Hühner auf Beutezug sogar um ein Vielfaches erfolgreicher als Katzen. Das Beutespektrum umfasst zwar kaum Singvögel und Mäuse, ist ansonsten aber deutlich größer. Besonders Insekten, Reptilien, Amphibien, Würmer und andere Kleintiere stehen bei ihnen auf der Speisekarte. Ein eingeschränkter Freilauf, der zwar den Hühnern noch ausreichend Platz, den Wildtieren dabei aber ihren sicheren Rückzugsbereich lässt, ist deshalb das Mittel der Wahl.

Dieser wird für Hühner meist sowieso errichtet, denn Hühner fressen nicht nur, sie werden auch gefressen. Schließlich gibt es auch den umgekehrten Fall, dass Wildtiere den Haustieren schaden. In diesem Fall sind Marder, Fuchs und Waschbär gefürchtete Hühnerdiebe, die sich nachts in die Gärten schleichen.

2

TIERE IM GARTEN BEOBACHTEN

GENAU HINSEHEN

Natürliche Wildblumenwiesen sind tolle Insektenmagnete. Auch das Blutströpfchen kommt vorbei.

BEOBACHTEN, ABWARTEN, ANPASSEN

Check-up für Ungeduldige

Der Totholzhaufen ist längst fertig, aber kein Igel lässt sich blicken? Das Wildbienenhaus steht leer und die Nistkästen sind aufgehängt, doch kein Vogel interessiert sich dafür? Nur ein Hornissenvolk ist bislang eingezogen ...

Keine Panik, wenn eine Nisthilfe oder ein Biotop nicht sofort von der Wunschtierart bezogen wird. Erst einmal weiter beobachten.

ABWARTEN ALS LÖSUNG

Vorübergehende Mieter, zum Beispiel Hornissen, freuen sich ebenfalls über einen so guten Nistplatz. Sie werden ihn höchstwahrscheinlich im nächsten Jahr nicht noch mal benutzen. Auch die Angebote für Wildbienen werden manchmal lange Zeit verschmäht. Stattdessen verstecken sich Spinnen und Ohrenwürmer in den geräumigen Brutröhren. Und selbst die Großprojekte wie Reptilienburg und Ringelnattern-Bruthaufen liegen in der ersten Zeit nur verlassen da und beherbergen alles Mögliche, nur keine Eidechsen und Ringelnattern.
Und was hindert die Vögel am Einzug in die neuen Behausungen? Gibt es Fehler an den Kästen? Wurden sie so aufgehängt, dass sie leicht von Mardern, Waschbären und Katzen erreicht werden können? Werden sie zu warm, weil sie während der Mittagszeit in der Sonne sind? Hängen die Wildbienen-Nisthilfen zu schattig? Regnet es rein? Haben die Reptilien-Bauwerke einen ausreichend sonnigen Platz bekommen und gibt es überhaupt Reptilien in der Nähe?
Wenn keine Fehlerquellen auszumachen sind, hilft meistens ein wenig Geduld. Die Entwicklung in Richtung eines tierfreundlichen Gartens braucht Zeit. Alles was neu ist, muss manchmal erst ein bisschen einwachsen, bevor es angenommen wird.

ÜBERRASCHUNGSGÄSTE

Naturnahe Gärten sind beliebt bei vielen Tierarten und ganz bestimmt ziehen irgendwann welche ein, vielleicht sogar Arten, mit denen ihr selbst nicht gerechnet hättet. Dafür lohnt es sich, genau hinzusehen und sich ein Bestimmungsbuch zu schnappen. Es könnte sich um seltene Tiere handeln.

Sandkasten-Bewohner

Manchmal werden Orte von Tieren bezogen, die wirklich nicht für sie gedacht waren. Die Trichter der Ameisenlöwen findet man allerdings öfter in Sandkästen. Aber keine Angst, für Kinder sind diese Löwen völlig ungefährlich. Es handelt sich um die Larven von Ameisenjungfern (Insekten).

Für Naturforscher: beobachten, zählen, notieren

Immer mehr Menschen beteiligen sich an den Zählaktionen des NABU und melden zweimal jährlich ihre beobachteten Gartenvögel an den Naturschutzverein. Diese Daten sind wichtig, um die Bestandszunahmen und -abnahmen einzelner Vogelarten im Verlauf der Jahre erkennen zu können.

VÖGEL RUND UMS HAUS

Aber warum eigentlich nur für den NABU zählen? Habt ihr schon einmal darüber nachgedacht, eure Vogelarten für eigene Aufzeichnungen zu notieren und dabei ein bisschen mehr ins Detail zu gehen? Beobachtungen, die es Wert sind, aufgeschrieben zu werden, gibt es viele:

– Wann habt ihr im Frühjahr den ersten Star im Garten entdeckt?
– An welchem Tag kamen die Schwalben zurück aus ihrem Überwinterungsgebiet?
– Wie viele Nester haben die Schwalben gebaut und wie viele ihrer Jungen wurden flügge? Wann ist im Herbst auch die letzte Schwalbe fortgezogen?
– Wann hat der erste Zilpzalp im Frühling gesungen?
– Wie viele Vogelnester befinden sich im Garten?
– Haben die Amseln erfolgreich gebrütet?
– Wie viele Vögel welcher Arten sind täglich an der Futterstelle?

Das Ganze lässt sich natürlich auch auf andere Tiergruppen ausweiten …

SÄUGETIERE BEOBACHTEN

Die meisten Säugetiere, die den Weg zu uns finden, lassen sich recht einfach erkennen. Für sie lohnt es sich ebenfalls, wenn wir den Überblick bewahren. Spannende und hilfreiche Beobachtungen sind zum Beispiel:

– Wie viele Igel und Eichhörnchen seht ihr im Garten?
– Wie viel Igel-Nachwuchs gab es?
– Nimmt der Haselmausbestand zu? Oder der Wühlmausbestand ab?
– In welcher Höhle überwintert der Siebenschläfer?

1

2

3

AMPHIBIEN UND REPTILIEN ENTDECKEN

Aus Sicht des Artenschutzes wird es bei den Amphibien und Reptilien besonders interessant, können diese Tierarten doch dringend zunehmende Bestände gebrauchen. Deshalb unbedingt notieren:

– An welchem Tag laichen die ersten Teichfrösche und wie viele Laichballen befinden sich letztendlich im Teich?
– Wie viele Erdkröten (weiblich und männlich) kehren jährlich zum Laichen zurück?
– Wie viele Ringelnattern leben im Garten?
– Wie entwickelt sich der Zauneidechsen-Bestand?

INSEKTEN AUF DER SPUR

Um Insekten, die den Garten besuchen, in ihm leben und sich dort vermehren, zu beobachten, müsst ihr keine Insekten-Experten sein, ein paar Grundkenntnisse zu den häufigsten Arten reichen oft schon aus. Dann könnt ihr zählen und notieren:

1. Die Blaumeisen haben erfolgreich fünf Jungmeisen aufgezogen.

2. Das Eichhörnchen ist der neueste Gast im Garten.

3. Die Zahl der Teichfrösche ist stark angestiegen.

– Wie viele Schmetterlinge welcher Art kommen im Garten vor?
– Wann habt ihr den ersten und wann den letzten Schmetterling im Jahr gesehen?
– Welche Libellenarten tummeln sich am Teich?

Bienenmarkierung

Ganz ohne Artenkenntnisse geht es aber auch, wenn ihr etwa den Bruterfolg von Wildbienen an der Nisthilfe feststellen wollt, damit ihr wisst, ob sich die Maßnahmen zur Unterstützung bemerkbar machen.
Selbst gebaute oder gekaufte Nisthilfen für diese Tiere gibt es schon in vielen Gärten. Ob eine Brutröhre besetzt ist, erkennt ihr an einem Verschlussdeckel, der zum Beispiel aus Lehm oder Blattstückchen besteht. Wenn im Frühling die ersten Wildbienen ihre Niströhren verlassen, beißen sie die Verschlussdeckel von innen auf, und ein reges Treiben an der Nisthilfe setzt ein. Während die ersten Röhren schon wieder neu verschlossen werden, bleiben andere hingegen ungeöffnet. Dann wird es unübersichtlich und es bleibt unklar, in welchen Röhren die Bruten erfolgreich verliefen und in welchen die Brut abgestorben ist.
Die Lösung ist ganz einfach: Am Ende der Saison werden alle verschlossenen Röhren mit Pinsel und unbedenklicher Wasserfarbe für Kinder markiert. Zum Beispiel in Blau.

Mithilfe der Markierungen lassen sich gute und schlechte Wildbienenjahre einfach erkennen. So erfahrt ihr auch, ob eure Bienen noch mehr Unterstützung benötigen.

Fund des Tages:
Die Larvenhaut einer
Königslibelle

Ein Dach über der Nisthilfe verhindert, dass die Farbe bei starkem Regen abgewaschen wird. Wenn im nächsten Frühling die Wildbienen schlüpfen, öffnen und zerstören sie die markierten Verschlüsse. Dann machen sie sich an die Arbeit und legen neue Brutröhren an. Im Herbst befinden sich schließlich naturfarbene Verschlüsse neben blauen Verschlüssen. Die naturfarbenen sind die aktuellen, die blauen die aus dem vergangenen Jahr, in denen die Brut abgestorben ist. Die Anzahl der beiden könnt ihr nun notieren. Anschließend werden die blau markierten Röhren vorsichtig mit einer Reinigungsbürste für Strohhalme gesäubert, damit sie den Bienen im nächsten Jahr wieder zur Verfügung stehen. Die übrig gebliebenen, naturfarbenen Röhrendeckel werden, wie im Jahr davor, mit einer Farbe markiert.
Nimmt die Anzahl der geöffneten Brutröhren mit den Jahren zu, nimmt auch die Zahl der Wildbienen zu.
Achtung! Die Nisthilfe unbedingt mit einem Kaninchen- oder Volierendraht vor Spechten und Co schützen. Diese öffnen die Deckel sonst ebenfalls, um an den Inhalt zu gelangen.

LASST ANDERE AN EUREN BEOBACHTUNGEN TEILHABEN!

Der Erfolg jeder einzelnen Maßnahme zum Wohle der Wildtiere kann auf diese Weise überprüft werden. Parallel können die eigenen Notizen auch online bei gemeinnützigen Institutionen wie *www.naturgucker.de* gemeldet werden. Je mehr Menschen ihre Beobachtungen teilen, umso besser können Bestandsveränderungen erkannt und kann vor allem bei negativen Trends auch gegengesteuert werden. Aber nicht nur das. Diese Daten helfen auch zu verstehen, welche Auswirkungen Umwelteinflüsse wie Schlechtwetterphasen bis hin zu Klimaveränderungen auf unsere einheimischen Wildtiere haben.

Scheuen Tieren auf der Spur

Nicht immer flattert einem das gewünschte Tier einfach vor der Nase herum. Vielen Tierarten begegnen wir so gut wie nie, obwohl sie in unserer unmittelbaren Nähe wohnen. Manchmal entsteht regelrecht der Eindruck, dass es kaum etwas Spannendes zu beobachten gibt.

1

Oft kommt das Gewusel erst mit Einbruch der Nacht und weitgehend unbemerkt in Gang. Um zu erfahren, wer sich an diesem nächtlichen Treiben beteiligt, gibt es ein paar Methoden, mit denen ihr den heimlichen Gartenbewohnern auf die Spur kommt.

WILDTIERKAMERA

Seit einigen Jahren schon erfreuen sich Wildtierkameras zunehmender Beliebtheit. Sie sind in der Regel mit einer Nachtsichtfunktion ausgestattet. Mit ihnen können größere Tiere, vor allem Säugetiere und Vögel, sowohl bei Tag als auch bei Nacht dokumentiert werden.

SPURENTUNNEL

Aber nicht alle Tiere lassen sich ohne Weiteres mit einer Wildtierkamera nachweisen. Bei kleinen, mausgroßen Wesen im Geäst wird es schon schwierig. Aber wer etwa eine Haselmaus oder einen Siebenschläfer in seinem Garten vermutet und endlich einen Beweis dafür haben möchte, der baut oder besorgt sich am besten einen Spurentunnel. Läuft eine Haselmaus hindurch, bleibt etwas ungiftige Tinte an ihren Füßchen haften und hinterlässt auf speziellem Papier gut sichtbar ihre eindeutigen Fußspuren (eine genaue Bauanleitung findet ihr bei *www.probilche.ch/schuelerinnen-und-interessierte*).

2

1. Igel verbringen die Tagesstunden schlafend im Unterschlupf und werden abends aktiv.

2. Die Aufnahme der Wildtierkamera enthüllt, dass ein Steinmarder Nacht für Nacht den Garten besucht. Bis dahin blieb er völlig unbemerkt.

3. Der feuchte Uferbereich eines Gartenteiches eignet sich perfekt als Spurenbeet. Beim nächtlichen Trinken hat ein Waschbär seine Pfotenabdrücke hinterlassen.

SPURENBEET

Mit einem Spurenbeet lassen sich viele ansonsten unsichtbare Heimlichtuer überführen. Hierbei handelt es sich um eine mindestens 1 × 1 m große, offene Fläche im Garten, die komplett unbewachsen ist. Sie besteht entweder aus Gartenerde oder, wenn diese zu grobkörnig ist, aus einem feinen Sand-Erde-Gemisch. Ziel ist es, die nächtlichen Gartenbewohner anhand ihrer Fußspuren zu identifizieren. Deswegen sollte das Spurenbeet an einer Stelle angelegt werden, wo sich häufig Wildtiere aufhalten. Damit sich die Fußabdrücke deutlich abzeichnen, sollte die Erde stets locker und freucht gehalten werden.

3

Service

ZUM WEITERLESEN UND BESTIMMEN

Bellmann, Heiko: **Der Kosmos-Insektenführer.** Kosmos-Naturführer: Fast 1000 Arten, häufig auch Raupen oder Puppen. Kosmos

Kwet, Axel: **Reptilien und Amphibien Europas.** Kosmos-Naturführer: Alle 214 Arten und Unteralten Europas. Kosmos

Oftring, Bärbel: **Tierisch guter Balkon.** Kleine Fläche, großer Nutzen – so wird der Balkon zum Tierparadies. Kosmos

Svensson, Lars u. a.: **Der Kosmos-Vogelführer.** Kosmos-Naturführer: Alle Arten Europas, Nordafrikas und Vorderasiens. Kosmos

Witt, Reinhard: **Natur für jeden Garten.** Das Einsteiger-Buch. 10 Schritte zum Natur-Erlebnisgarten, nachhaltig, klimaerprobt, mit Biodiversitätstest. Dr. Reinhard Witt

INTERNET-TIPPS

www.bund.de
www.floraweb.de
www.nabu.de

REGISTER

BILDNACHWEIS

124 Farbfotos in diesem Buch stammen von Mareike Fedders.

Weitere 63 Farbfotos von
Flora Press (15)/BIOSPHOTO/Cyril Ruoso: 75 Mi.re.; /BIOSPHOTO: 2, 52 li.; /Buiten-Beeld/Janko van Beek: 10 Mi.li.; / Buiten-Beeld/Jelger Herder: 15; /Christine Ann Föll: 3 o.li.; /Evi Pelzer: 74; /FLPA Images of Nature: 112/113; /Ingrid Gorr: 52 re.; /Karin Goldbach: 110; /Mandy Bradshaw: 102/103; /Nathalie Pasquel: 106; /Stephan Rech: 114 o.; /Ute Klaphake: 83 o.; / Visions: 16; **GAP Photos** (7): 47 u.re.; /Fiona McLeod: 44; /Nicola Stocken: 40 re.; /Rachel Warne: 3 re., 83 Mi.; /Robert Mabic: 109 o; /Simon Colmer: 56/57; **Naturfoto Hecker** (21)/Wolfgang Buchhorn: 58 o., 58 u., 61, 117 u.re.; /Frank Hecker: 10 o.li., 10 re., 11, 68/69, 21 re., 33 u., 65 o., 82, 84/85, 93 o., 93 u., 111, 117 o.li., 117 o.re., 118, 119, 121 o.li.; **mauritius images** (8)/Alamy Stock Photos/Antje Schulte – Birds: 32 u.; /Alamy Stock Photos/ian west: 3 Mi. li.; /Alamy Stock Photos/Margus Vilbas: 36 o.; /Alamy Stock Photos/Mike Brown: 13 o.; /Alamy Stock Photos/Zoonar/Peter Himmelhuber: 53; /darkintolightpictures: 40 o.li.; / Tierfotoagentur/T. Harbig: 86 u.; /Westend61/Mark Johnson; 14 re.; **Jan Meyer** (1): 66 re.; **shutterstock** (9)/Comicheva: 31 o.li.; /Drazen Boskic PHOTO: 33 o.; /Ellyy: 41; /HHelene: 25 re.; /Ian Redding: 31 o.re.; /Jojoo64: 37 u.; /Rudmer Zwerver: 19 u.re.; /tchara: 96; /ur72: 36 u.; **Dörte Stünzner** (1): 65 u.re.; **Annette Timmermann** (1): 6;

IMPRESSUM

Umschlaggestaltung von Grafiker unter Verwendung von 13 Farbfotos von iStock/Andrew Howe (Umschlagvorderseite) und GAP Photos/Gillian Plummer (Umschlagrückseite) sowie Flora Press/Melli Freudenberg (Innenklappe hinten o.li.); Flora Press/Mandy Bradshaw (Innenklappe hinten u.li.); Flora Press/ Christine Ann Föll (Innenklappe hinten o.li.); Naturfoto Hecker/Frank Bellmann (Innenklappe vorne: 4); Naturfoto Hecker/Frank Hecker: (Innenklappe vorne: 1, 2, 3, 5; Innenklappe hinten o.re.); privat (Außenklappe hinten); shutterstock/ Stefan Mahlknech (Außenklappe vorne).

Mit 200 Farbfotos.

Alle Angaben in diesem Buch sind sorgfältig geprüft und geben den neuesten Wissensstand bei der Veröffentlichung wieder. Da sich das Wissen aber laufend in rascher Folge weiterentwickelt und vergrößert, muss jeder Anwender prüfen, ob die Angaben nicht durch neuere Erkenntnisse überholt sind. Dazu muss er zum Beispiel Gebrauchsanweisungen und Gesetze beachten. Sorgfalt bei der Umsetzung der Projektideen ist indes geboten. Verlag und Autor übernehmen keinerlei Haftung für Personen-, Sach- oder Vermögensschäden, die aus der Anwendung der vorgestellten Materialien und Methoden entstehen können. Dabei müssen rechtliche Bestimmungen und Vorschriften berücksichtigt und eingehalten werden.

Bei den genannten Personenbezeichnungen wird jeweils nur die männliche Form, zum Beispiel Gärtner statt Gärtner*in, verwendet. Das Buch wird dadurch leichter lesbar. Bitte habt dafür Verständnis.

Unser gesamtes Programm finden Sie unter **kosmos.de.** Über Neuigkeiten informieren Sie regelmäßig unsere Newsletter, einfach anmelden unter **kosmos.de/newsletter**

greenprint* klimapositiv gedruckt

Gedruckt nach der Richtlinie „Druckerzeugnisse" des Österreichischen Umweltzeichens. gugler* print, Melk, UWZ-Nr. 609, www.gugler.at

PurePrint® innovated by gugler* DruckSinn Gesund. Rückstandsfrei. Klimapositiv. drucksinn.at

Gedruckt auf umweltfreundlichem Papier, klimaneutral hergestellt.

ISBN 978-3-440-17605-4
Projektleitung: Carolin Küßner
Redaktion und Bildredaktion: Carolin Küßner
Gestaltungskonzept: GRAMISCI Editorialdesign/ Cornelia Sekulin
Gestaltung und Satz: Katrin Kleinschrot, Stuttgart
Produktion: Klaus Jost
Druck und Bindung: Gugler GmbH, A-Melk/Donau
Printed in Austria / Imprimé in Autriche

Lieblingspflanzen — für Tiere im Garten

144 Seiten, ca. €(D) 18,00

Welche Pflanzen können wir in den Garten setzen, damit Vögel, Insekten und Amphibien kommen und bleiben? Wie sieht das Rundum-Wohlfühlpaket für Wildbiene oder Igel aus? Dieses Buch macht die tierfreundliche Gartengestaltung einfach wie nie zuvor. Steckbriefe stellen das Tier und seine Lieblingspflanze vor. Nützliche Nebenpflanzen sowie notwendige Gartenstrukturen wie Hecken oder Kompost runden das Infopaket ab. So genügt ein Blick, um zu wissen, welche Pflanzen eine Tierart für Nahrung, Aufzucht und Schutz braucht. Ein moderner Ratgeber für praktischen Tierschutz im Zier- und Nutzgarten.

Deutscher Gartenbuchpreis 2022: Bestes Buch zum Thema „Tiere im Garten"

kosmos.de

NABU
Mach deinen Garten zu einer Augen- und Bienenweide – und zu einem Paradies für Schmetterlinge, Igel und Vögel.
Dein Garten.
Mein Zuhause.
Ideen und Tipps unter
www.NABU.de/gartenvielfalt